AUS DER BETRIEBSPRAXIS
DER DRUCK- UND PAPIERVERARBEITUNG

Eine Auslese berufskundlicher, betriebswirtschaftlicher und -technischer Abhandlungen über Materialeinkauf und -verwaltung, über das Papier als Werkstoff, seine Pflege, Aufbewahrung, Behandlung, Veredlung, Warenherstellung, Lagerhaltung sowie praktische Organisationsfragen in den papierverarbeitenden Betrieben

Von Fachkaufmann

WALTER HESS

Berlin

Mit zahlreichen als organisatorische Hilfsmittel erprobten Vordrucken aus der Praxis des Verfassers

1 9 3 9

M. KRAYN, TECHNISCHER VERLAG, BERLIN

Printed in Germany
Druck von Walter de Gruyter & Co., Berlin W 35

EINLEITUNG

Die Kenntnis der Betriebspraxis ist für die Leitung eines jeden gewinnbringenden Fabrikationsunternehmens eine unerläßliche Vorbedingung. Diese Art der literarischen Erschließung, die doch die Grundlage ist für jeden organisatorischen Aufbau betriebstechnischer Einrichtungen, ist bisher in der Fachliteratur der Papierverarbeitung sehr spärlich vertreten[1]).

Die vorhandenen betriebstechnischen Werke, vorwiegend rein kaufmännischen Inhalts, beschränken sich in der Hauptsache auf die Darstellung und Behandlung der Eisen- und Elektrizitätsindustrie, der Maschinenindustrie sowie des Ingenieurfaches. Und doch gibt es einen großen Industriezweig, der ungewöhnlich vielseitig ist — *die papierverarbeitende Industrie* mit ihren vielen Nebenzweigen.

Ich hoffe, daß dieser Neuerscheinung ein reges Interesse zuteil werden wird. Meine Arbeiten sind wohl spezialisiert; einige Nutzanwendungen, soweit sie kaufmännisch auswertbar sind, lassen sich zweifellos auch für andere Industrien zur Erzeugung räumlich beschränkter Erzeugnisse nutzbringend verwerten.

Ich war einige Jahrzehnte hindurch in führenden Großbetrieben der chromolithographischen Verlagsanstalten als Fachkaufmann beruflich tätig und darf mich an Hand meiner in der Praxis gesammelten vielseitigen Erfahrungen in technischer sowohl wie in kaufmännischer Beziehung wohl als berufen betrachten, ein solches Werk aus der Praxis für die Praxis zu schaffen.

Das hierauf aufgebaute Werk ist nicht nur für den berufstätigen Fachmann anregend geschrieben, sondern es ist ganz besonders für den Nachwuchs bestimmt, um nicht etwa an Hand grauer Theorie, sondern durch literarische Auswertung praktischer Erfahrungen einen brauchbaren Nachwuchs erziehen und diesem das Verständnis für die wirtschaftlichen und betriebstechnischen Erfordernisse in der Papierverarbeitung erschließen zu helfen.

Es ist natürlich unmöglich, in einem Buch selbst den kleinsten Vorgang des täglichen Geschehens zu schildern. Es liegt mir daran,

[1]) Für das Buchdruckgewerbe gibt es das Buch von Kollecker, »Die Organisation der Großdruckerei«, Preis geb. RM 10.—, durch jede Buchhandlung.

zur Ertüchtigung und Heranbildung des Nachwuchses nur die Hauptsachen zu behandeln, um nicht über Belanglosigkeiten zu schreiben, sondern diese nur soweit zu erörtern, als sie für das Allgemeinverständnis der technisch-organisatorischen Verrichtungen unbedingt im Rahmen organisatorischer Maßnahmen erforderlich erschienen.

Ein solches Fachbuch in seinem inhaltlichen Wert zu nutzen setzt immerhin einen, wenn auch nur auf einem speziellen Gebiet fachlich vorgebildeten Leser voraus.

Sollten wirklich einige Dinge von minderer Bedeutung in nicht ausreichender Weise Berücksichtigung gefunden haben, so mag die Vielseitigkeit der in dieser Niederschrift behandelten Gebiete diesen Mangel entschuldigen.

Ein Mensch kann nicht alle Gebiete, und mögen sie auch nur in einem beschränkten Wirkungskreis liegen, beherrschen. Es soll auch als richtig gelten, daß das aussichtsvollste Gebiet stets das Spezialfach ist; dennoch ist das Erweitern der Kenntnisse und damit des Gesichtskreises stets für jeden von ideellem und schließlich auch von materiellem Nutzen durch das Aufrücken in gehobene Stellungen.

Ein Verstehen aller in diesem Werke beschriebenen betriebstechnischen und fabrikatorischen Vorgänge wird nach meiner Meinung jedem Leser möglich sein.

Ich bin mir darüber vollkommen klar, daß der eine oder andere Fachmann in der Praxis noch mehr Erfahrungen anderer Art gemacht hat.

Die einzelnen Abschnitte aus der Betriebspraxis sollen in ihrer Gesamtheit eine geschlossene Kette von Umständen darstellen, deren einzelne Glieder dem Fachkaufmann zwar alltägliche Erscheinungen sind; aber darum gerade, weil wir ihnen ständig begegnen, am ehesten die Möglichkeit in sich schließen, nicht ihrer Bedeutung gemäß gewürdigt und demzufolge als etwas Nebensächliches betrachtet zu werden.

Mit Rücksicht auf die notwendigen Beschränkungen, die der Raum für diese Darstellungen erfordert, um im Rahmen des Gebotenen das Wesentlichste und Wichtigste zu behandeln, können diese hier niedergelegten Ratschläge nicht den Anspruch machen auf eine erschöpfende Ausführlichkeit wie etwa ein Lexikon. Sie sollen nur Fingerzeige sein für Arbeitsleistungen, die zu den notwendigsten und wichtigsten des täglichen Arbeitspensums gehören, insbesondere im Einkauf und der Verwaltung der Materialien der Werkstoffe.

Es wird zuweilen für besondere Fälle eine gewisse »Umwertung der Werte« in den hier niedergelegten Anregungen notwendig erscheinen. Es steht in dem Belieben des einzelnen, entsprechend den Erfordernissen seines eigenen Wirkungskreises aus den fachlichen Darstellungen für sich insofern brauchbaren Nutzen zu ziehen, als er das für die eigene Berufsarbeit Verwertbare in Form von *Anregungen* für seine eigene Berufsarbeit *praktisch und nutzbringend auszuwerten* verstehen muß. Anregungen lassen sich stets auf Grund praktischer Erprobung in jedem Geschäftsbetrieb mit Erfolg nutzbar machen.

Meine Niederschriften wollen Wege und Ziele weisen zu einer erfolgreichen Arbeitserleichterung durch Maßnahmen betriebstechnischer Art. Ich habe einige Hilfsmittel der Alltagspraxis, soweit sie sich im praktischen Geschäftsleben als brauchbar erwiesen haben, in den Text eingeflochten, die ein ergänzender Bestandteil der Betriebsorganisation geworden sind.

Dieses Buch ist für Fachleute und solche Mitarbeiter bestimmt, die willens sind, zuzulernen aus den Erfahrungen anderer über Gebiete, die im Untertitel dieses Buches angedeutet sind.

Der Geist einer neuen Zeit ist eingezogen; er regt sich überall zu neuem Gestalten und Schaffen, zu neuem Hoffen und erfolgreichem Gelingen durch freudige Berufserfüllung auf der Grundlage einer entsprechenden Arbeitsleistung, die immerhin eine entsprechende Berufsschulung voraussetzt.

Die Vorurteile der Selbstherrlichkeit, alles besser zu wissen, sind vorüber.

Wer Verständnis dafür hat, auch auszuwerten die Erfahrungen anderer, um aus ihnen zu lernen, die niedergelegt sind in unserem unentbehrlichen Fachschrifttum, der wird aus den vermittelten Kenntnissen auch Nutzen ziehen für das Unternehmen, dem er zugehört.

Der Wunsch, dieses Ziel erreicht zu haben, sei der Geleitwunsch für den Start dieses meines Fachbuches aus eigener Feder.

Berlin Ende 1938 — Walter Heß

INHALTSVERZEICHNIS

AUS DER BETRIEBSORGANISATION

Einführung in die Betriebsbuchführung

Wir wollen uns einführend einige Vorschläge dienen lassen über die Betriebsbuchführung, wie sie sowohl vom kaufmännischen als auch vom technischen Standpunkt betrachtet beachtenswert erscheinen dürften.

Wie eigentlich ermittelt wird, wann ein Nachdruck knapp werdender Warenposten vorzunehmen ist, das hier näher auszuführen, dürfte zu weit führen, da jede Anstalt größeren Umfanges ein anderes »System« hat. Jedes gilt natürlich als das bessere, und doch haben fast alle vielfach das eine gemeinsam — die Schwerfälligkeit. Diese Schwerfälligkeit geht vorschriftsmäßig alle Instanzen durch und endigt erst mit der Ausgabe der Druckauflage für die weitere Verarbeitung.

Das *Druckauftragsbuch* ist notwendig für die Eintragungen in der Lagerkartei und ist als die Geschäftsbibel anzusprechen, da es über alle Fragen der Auftragsbearbeitung Aufschluß gibt. Selbstverständlich kann das von mir entworfene Schema nach Belieben und nach eigenen praktischen Erfahrungen und Zweckmäßigkeitsgründen in der Praxis noch weiter ergänzt und ausgestaltet werden.

Es genügt meist ein Sammelbuch, in welches jede Druckarbeit genau in allen Einzelheiten eingetragen wird. Daneben müssen Höhe der Auflage, Papiersorte, Format und Zuschuß genau vorgeschrieben sein, und auch die Aufgabe selbst darf an Klarheit nichts zu wünschen übrig lassen mit Bezug auf etwaige Beschriftung.

Aus diesem alles umfassenden Sammelbuch werden die Kopien an den einzelnen Drucker sowie für die Umdruckerei ausgeteilt, und zwar am zweckmäßigsten in Buchform. Es ist höchst unstatthaft, alles auf Zetteln zu schreiben, da solche leicht verlorengehen, jedenfalls auch nicht die handliche Übersicht bieten wie ein geheftetes Buch.

Um nun zu ermitteln, welcher Drucker diese oder jene Arbeit auf der Maschine hat, muß ein entsprechender Vermerk in das Sammelbuch gemacht werden, da besonders in größeren Druckereien nicht jeder Drucker erst gefragt werden kann, was für eine Arbeit er hat. Da selbst

Datum	Auftrags-Nr. bzw. Nr. der Auftragstasche	Kennzeichnung der Druckauflage *)	Bogenzahl der Auflage	Druckzuschuß	Angaben über Papier bzw. Karton			bezogen am:	Verausgabte Papiermenge (Abgabezettel Nr.)	Bemerkungen bez. weiterer Verarbeitung
					Nr.	Sorte	Lieferant			

*) Ein genaue Angabe aller auf dem Auflagebogen untergebrachten Warennummern nebst Nutzenzahl (Auflagenhöhe sowie Papierangaben dürfen selbstverständlich nicht fehlen) ist aus dem gesondert geführten Druckauflagebuch zu entnehmen, das notwendig ist neben dem Druckeinteilungsbogen sowohl für den Umdrucker als auch für die Lagerbücher und die Statistik.

Disponiert für Maschine Nr.	Name des Druckers	Auflagendruck		Farbenzahl		Ausgabedatum der Auflage zur weiteren Verarbeitung	Zählergebnis der Auflage	Kontrolle durch:
		Beginn	Ende	mit Bronze	ohne Bronze			

das Durchblättern eines solchen Sammelbuches unter Umständen nicht ganz mühelos ist, empfiehlt sich für die wöchentliche Terminverfolgung das Anlegen einer Liste, in welcher die notwendigen Mitteilungen in Form eines Auszuges enthalten sind. Datum der Bestellung, Höhe, Art und Nummer der Auflage; dann darf natürlich der Name des Druckers, dessen Maschinennummer oder sonst eine Kennzeichnung nicht fehlen, wo die Arbeit im Maschinensaal zu finden ist. Alle sonstigen Bemerkungen sind je nach Notwendigkeit der Erfordernisse der Praxis in das Belieben des einzelnen gestellt. Angebracht ist es, das Datum der Inangriffnahme der Auflage zu verzeichnen, eventuell dabei zu vermerken, wieviel Farben, ob Bronze oder eine Extrafarbe in der Auflage enthalten sind. Dadurch kann leicht ein Überblick für die ungefähre Fertigstellung der Auflage geschaffen werden, wenn sich auch solche auf den Tag nicht, mit Rücksicht auf unvorhergesehene Zwischenfälle, voraussehen läßt, da man etwaige Schäden an der Maschine, Platzen der Steine, Stumpfwerden und demzufolge das Neuherstellen des Umdrucks u. a. m. bekanntlich nicht im voraus ermessen kann.

Daher sollen auch bindende Liefertermine niemals zu kurz bemessen werden, weil immerhin mit unvorhergesehenen auftretenden Schwierigkeiten der vorgenannten Art gerechnet werden muß.

Erfolgt jedoch eine Vorausbestimmung der Lieferung, so ist es gut, solche ebenfalls in dem genannten Auszug zu vermerken, um ermessen zu können, ob gegebene Versprechen auch termingemäß erfüllt werden können. Als unterstützende Kontrolle über den jeweiligen Stand der Arbeiten empfiehlt es sich wenigstens für große Betriebe, durch einen oder mehrere Beauftragte jeden Tag in dem Maschinensaal abfragen zu lassen, was für den übernächtsten Tag an Druckformen gebraucht wird, damit an dem voraufgehenden der betreffende Umdruck der Farbplatten hergestellt werden kann.

Für jede Verlagsnummer sollten diejenigen Anstalten, welche nicht den Vorzug haben, kein oder ein nur sehr geringes Lager zu halten, ein Konto führen, in welches Zugang und Abgang des Bogenbestandes der Auflagen genau verzeichnet werden und so der jeweilige Lagerbestand sofort zu ermitteln ist. Auch ergibt sich für den kaufmännischen Teil die Möglichkeit, eine gewisse Erleichterung zu schaffen, da hierdurch statistische Berechnungen über die Höhe der hergestellten Mengen rechnerisch fast mühelos zu schaffen sind, ohne erst Spezialbücher zu deren Ermittlung führen zu müssen.

Geordnete Betriebsbuchführung ist in technischen Betrieben unbedingt zu fordern, welche neben Übersichtlichkeit vor allem zweckdienlich und so wenig wie möglich umständlich gehalten sein soll.

Um nun zu ermitteln, wann eine Ergänzung ausgegangener Waren vorzunehmen ist, soll erwähnt werden, daß damit nicht gewartet werden sollte, bis das Lager einer Verlagsnummer vollkommen geräumt ist, sondern es sollte die statistische Auswirkung immer so rechtzeitig erfolgen, um jederzeit prompt liefern zu können und die technische Herstellung so vorzubereiten, daß alle Bedingungen für zweckmäßiges Disponieren zur rechtzeitigen Warenergänzung erfüllt sind. Der Betrieb darf bei gesunder Verteilung der Arbeitsaufträge nicht einmal überlastet und dann wieder stilliegen, sondern es muß für ausreichende, möglichst gleichmäßige Beschäftigung in allen Abteilungen gesorgt werden, sofern nicht besondere Umstände, die in der Geschäftslage selbst liegen, solche Möglichkeiten überhaupt ausschalten.

Durch eine ordnungsgemäße Warenstatistik wird sich sehr leicht ermitteln lassen, wann eine Ergänzung vorzunehmen ist, so daß unter normalen Verhältnissen eine prompte Erledigung der vorliegenden Aufträge möglich sein wird.

Wir werden neben diesen Hinweisen nunmehr auch der kaufmännischen Seite des Geschäftsbetriebes noch kurz unser Interesse zuwenden. Es ist doch so naheliegend, für Erleichterungen innerhalb des eigenen Betriebes in weitestem Maße besorgt zu sein, wenigstens was die schriftliche Kontrolle der Anfertigungen betrifft.

Gerade in der papierverarbeitenden Industrie liegt dieser Gedanke nahe, weil man es so bequem hat, bei jeder Gelegenheit die Einrichtungen des eigenen Betriebes zu nutzen durch Schaffung von Hilfsmitteln an Listen und Büchern jeder Art. Die praktische und dauerhafte Beschaffenheit auch in bezug auf die äußere Form solcher Hilfsmittel, die dem täglichen Bedarf dienen, ist zwar zu empfehlen, doch auch nur soweit, als es unbedingt notwendig erscheint.

Die Herstellung solcher Erzeugnisse stellt sich auf der Buchdruckpresse verhältnismäßig billig, unter der Voraussetzung, daß es sich um angemessene Mengen für längeren Bedarf ausreichend handelt. Einfacher Schwarzdruck, wie ihn auch Anstalten mit Steindruckbetrieb durch die Autographien leicht selbst herstellen können, ist noch dadurch in puncto Selbstkosten herabzumindern, als solche Artikel auf Schnellpressen bzw. Handpressen herzustellen sind, zu denen kleine Steine verwendet werden.

Durch den Umdruck auf dem Stein autographisch hergestellter Manuskripte, bei bester Ausnutzung selbst größerer Papierformate, sind die Herstellungskosten sehr gering. Solche Vorteile sollten stets nach Möglichkeit beachtet und genutzt werden für die organisatorischen Hilfsmittel des inneren Betriebes.

Wenn eine Auflage drucktechnisch hergestellt ist, so ist sie damit bekanntlich noch lange nicht fertig. Es beginnt jetzt erst die Verarbeitung derselben durch Schaffung übersichtlicher Arbeitserleichterungen mit ihren große Erfahrung erfordernden Voraussetzungen.

Es ist Bedingung, nicht nur gute Ware zu liefern, sondern auch den kaufmännischen Teil nicht zu vernachlässigen. Um auch noch nach längerer Zeit zu wissen, was diese oder jene Auflage ergeben hat, hebe man stets einen Originalbogen von der Auflage als Rücklage auf. Es ist das auch besonders für solche Fälle zu empfehlen, in denen verschiedene Textaufdrucke (wie z. B. bei Plakaten, Glückwunsch- und Postkarten) auf dem Bogen stehen, da bei einer Nachprüfung die Muster erfahrungsgemäß schwer auffindbar sind. Diese Bogen müssen aber so aufgehoben werden, daß man sie bei Bedarf auch zur Hand hat, um damit nicht, wie es meist der Fall ist, gerade das *nicht* zu finden, was man schnell braucht, um Nachforschungen anzustellen.

Es muß ein Verzeichnis geschaffen werden, in welchem in arithmetischer Reihenfolge ein Nachweis über die eingeordneten Bogen geführt wird. Auch da leistet ein gewissenhaft geführtes Druckbuch gute Dienste. Die Bogen können entweder numeriert werden, oder aber sie werden nach Artikeln geordnet und in Regale eingereiht, an deren Außenseite das auf Täfelchen übersichtlich geschrieben steht, was sie an Inhalt bergen.

Übersichtlichkeit und Ordnung zu halten, ist erste Bedingung; sie muß aber auch mit Sauberkeit verbunden sein, dann erst wird jeder auch mit Lust und Liebe an die Arbeit gehen und nicht entmutigt werden durch unnützen Aufenthalt beim Suchen; denn »Zeit ist Geld«.

Die technische Druckereibuchführung für den Fabrikationsbetrieb, die doch ganz wesentlich von der kaufmännischen abweicht, sollte nur Fachleuten übertragen werden, da anderes damit betrautes, insbesondere technisch unerfahrenes Personal, sich durch seine verständliche Unerfahrenheit nur zu leicht breitschlagen lassen kann, eine Auflage zu früh zur Verarbeitung herauszugeben. Alles braucht für die Herstellungsstadien eine angemessene Zeit, nicht zum mindesten eine Druckauflage, welche ihre 12—16 Farben und deren noch mehr aufweist. Wie sieht z. B. eine Auflage aus, welche von der Presse gleich auf die Talkumiermaschine genommen wird! Abgesehen von dem Zusatz von Trockenstoffen ergeben sich erfahrungsgemäß durch zu frische Verarbeitung einer Druckauflage die verschiedensten Mißstände. Daher heißt es sorgfältig Buch führen, wann die Auflage von der Maschine kommt und soweit vorgeschritten ist, um mit deren weiteren Aufarbeitung zu beginnen, damit bei etwaiger nachträglicher Beanstandung über zu frische Verarbeitung mit den geeigneten Daten als Unterlage gedient werden kann.

Es ist unzweckmäßig, große Auflagen mit Texten (Schriften, Jahreszahlen usw.) irgendwelcher Art durchdrucken zu lassen. Solche lassen sich nachträglich noch in den verschiedensten Verfahren *aufbringen* (durch Aufdruck, Prägen, Spritzen usw.), *niemals aber gänzlich fortbringen*. Selbst Überdruck ist nur ein unvollkommenes Hilfsmittel, denn der meist in Deckfarben und in Doppelgang der Farbwalzen auf der Maschine überdruckte Text wird mehr oder weniger stark durchscheinen, selbst wenn der Überdruck unter Ausnutzung aller technischen Kenntnisse vollzogen wird. Da die überdruckten Felder nicht leer bleiben, sondern mit einem anderen Text (wie beispielsweise bei Kalendern mit geänderten Jahreszahlen) bedruckt werden, der zudem häufig noch geprägt wird, so besteht die Aussicht, das größere Übel durch das kleinere zu ersetzen.

In solchen Fällen muß *sogleich* den zuständigen Abteilungsleitern die Anweisung gegeben werden, die nicht mehr gewünschten Texte usw. sofort aus der Prägeplatte sowie der dazugehörenden Patrize entfernen zu lassen. In hundert gegen einen Fall kann behauptet werden, daß sonst die Mühe des Überdruckes hinfällig gemacht wird, weil bei einer falschen Disposition — die nach alter Erfahrung immer dann einsetzt, wenn besonderer Wert darauf gelegt wird, sie auszuschließen — zweifellos mit den nicht geänderten Platten geprägt werden würde. Erhält das Arbeitspersonal nicht auch die nötigen Anweisungen in besonderen Fällen, so wird erfahrungsgemäß einfach blindlings darauf los gearbeitet.

Es ist unvermeidlich, selbst bei der sorgfältigsten Disposition, daß ein Teil der aufgearbeiteten Ware unverkäuflich am Lager bleibt. Über das Abstoßen solcher Restposten wollen wir uns noch nähere Angaben dienen lassen.

Ein sehr großer Fehler mit weittragenden Folgen wirtschaftlicher Art ist es, zu große Warenposten im chromolithographischen Verlagsgeschäft auf Lager arbeiten zu lassen. Es gehört ein umsichtiges Dispositionstalent dazu, um die Warenerzeugung in die richtigen Bahnen zu lenken. Allein durch vorsichtiges Disponieren werden Anfertigung und Absatz in einem richtigen Verhältnis zueinander stehen und für das Unternehmen durch kluge und umsichtige Lagerhaltung Nutzen abwerfen.

Im allgemeinen wird es gut sein, mit dem Ausbieten der dem Ausverkauf unterstellten Artikel nicht gar zu lange zu säumen. Daher heißt es auch hier planmäßig vorgehen, was durch gewissenhafte Bearbeitung aller für derartige Käufe interessierter Firmen am Platze oder auswärts durch persönlichen Besuch seitens der eigenen Vertreter oder Reisenden unter Vorlage der Muster oder durch schriftliche Bemusterung unter Beischluß entsprechender Anpreisungen vorgenommen werden sollte.

Es ist jedenfalls besser, die Bestände zum Inventurpreis, zuweilen wohl auch mit einem geringen Verlust abzustoßen, als sie unnütz lange liegen zu lassen. Der Erlös dafür ist stets nutzbringender als das endlose Liegenlassen. Die Ware verliert von Jahr zu Jahr an Verkaufswert und ist schließlich überhaupt nicht mehr loszuschlagen.

Um das sich ansammelnde Lager nicht zu stark anschwellen zu lassen, ist es daher notwendig, von Zeit zu Zeit die übriggebliebenen Artikel der abgelaufenen Jahrgänge dem Ausverkauf zu unterstellen durch Anschluß der Ausverkaufsjahrgänge an die erscheinende neue Kollektion. Auch kann das Ausbieten durch getrennte Bemusterung erfolgen an die für solche Waren besonders interessierten Firmen unter entsprechendem Preisnachlaß oder Einräumung von Rabattsätzen, die größer sein müssen als die auf die Artikel der laufenden Erzeugung.

Es wird sich indessen nicht empfehlen, die letzte Kollektion sofort nach Erscheinen neuer Muster durch die Unterbietung der Preise dem Ausverkauf zu unterstellen, weil es sonst leicht vorkommen könnte, daß die Abnehmer mit ihren Einkaufsdispositionen diesen Umständen Rechnung tragen, indem sie mit der Deckung des Bedarfs an Neuheiten warten und dadurch dann billiger einkaufen und zu liefern in der Lage sind als die, welche die Ware zu ihrem marktgängigen Verkaufspreis erstanden haben. Selbstredend darf bei einem Anstellen derartiger Reste nur mit solchen Firmen gerechnet werden, die nach sicheren Erfahrungen für Abnahme von Warenposten zu höheren sog. regulären Preisen nicht zu haben sind, um wie gesagt, nicht das laufende planmäßige Geschäft zu stören.

Weitgehende Preisnachlässe sind nur möglich durch die alljährlich vorzunehmenden Abschreibungen, die auf alle liegengebliebenen Artikel annähernd gleichmäßig verteilt werden. Es ist dieser Modus zur Erlangung befriedigenden Erlöses das einzige Mittel, wenn nicht eine bestimmte Absicht vorliegt, gewisse Artikel zu ganz besonders günstigen Bedingungen abzustoßen.

Die Preise müssen so gestellt werden, daß die Gängigkeit der einzelnen Artikel der laufenden Kollektionen, die den gleichen Charakter tragen, nicht dadurch ungünstig beeinflußt wird.

In solchen Fällen ist es, wie bereits angeregt, besser, den Verkauf für eine gewisse Übergangszeit ganz zu unterlassen. Um für die unausbleiblichen Verluste wenigstens einen Gegenwert zu haben, sollten die ermäßigten Preise wenn nicht bei Räumung des gesamten Lagers, so doch wenigstens geschlossener Partien einzelner Nummern oder zum mindesten größerer Partien derselben in Anwendung kommen, weil sich bei der Zersplitterung in kleinere Posten unverkennbar eine Beeinträchtigung des laufenden Geschäfts bemerkbar machen würde.

Bei Abnehmern geringerer Warenposten sollten die von der Verkaufsleitung festgesetzten Preise auch erlöst werden, ohne besondere Zugeständnisse finanzieller Art zu machen. Erst bei größeren Bezügen können sie der abgenommenen Menge entsprechend stärker verringert werden. Es erscheint angebracht und muß der Geschicklichkeit der

Verkäufer überlassen werden, bei kleineren Abschlüssen die festgesetzten Preise sogar selbst gefühlsmäßig entsprechend zu erhöhen, da sich besonders niedrig bemessene Preise ausnahmslos für *gänzliche Räumung des Lagers* verstehen sollten.

Sofern es sich um besonders hartnäckige Ladenhüter handelt, erscheint es angebracht, um sie schließlich überhaupt abzusetzen, auch ein weniger günstiges Limit eines interessierten Käufers anzunehmen. Im allgemeinen sollten größere Warenposten möglichst geschlossen abgestoßen werden, auch wenn den Abnehmern weitgehende Zugeständnisse gemacht werden. Das Zersplittern in kleine Posten bringt schon deshalb wenig Gewinn, weil die damit verbundene Arbeitslast und Expeditionskosten gegenüber dem normalen Verkauf gleich groß sind und trotzdem nur eine unbedeutende Entlastung für den Abgang vom Warenlager bedeuten.

Es soll nicht unversucht bleiben, wenigstens die reinen Selbstkosten (sog. Inventurwert) zu erzielen, bare Zuschüsse zu leisten in Form von unberechneter Emballage; Fracht und Zollspesen wird man ernsthafterweise keinem Verkäufer zumuten können.

Größere Zugeständnisse zu machen empfiehlt sich dann, wenn die Warenposten in der Inventur restlos oder bis zu einem Bruchteil ihres Wertes abgeschrieben sind, so daß sich der Verkauf solcher Waren, sofern es sich um belangreiche Posten handelt, doch immer noch einen, wenn auch geringen, Gewinn für das Geschäft bedeutet, weil sich die Gesamtumsatzziffer entsprechend erhöht. Nicht selten wird es bei ganz großen nachbestellten Posten zuweilen möglich sein, sogar noch einen Nachdruck bereits aufgenommener Nummern vorzunehmen, was um so mehr lohnend ist, als bei besonders gut eingeführten Artikeln die Selbstkosten an Lithographie, Herstellung und Plattenmaterial längst abgegolten sind.

Um zu vermeiden, daß sich die Kunden die besten Sachen zu den ermäßigten Preisen heraussuchen und die älteren Jahrgänge unberücksichtigt lassen, sollten die Bestände in der Weise ausgeboten werden, daß der höchste Rabatt auf die ältesten Jahrgänge gewährt wird, der sich für die neueren entsprechend mindert und dadurch für diese einen günstigeren Erlös gewährleistet. Dem Verschleudern marktgängiger Ware wird dadurch ein Riegel vorgeschoben.

Organisatorische Hilfsmittel in einzelnen Abteilungen

Wie in jeder Abteilung, so ist auch in der Expeditionsleitung das erste Erfordernis für die Abwicklung der täglichen Geschäftsvorkommnisse *eine übersichtliche Organisation*, deren Zügel in einer Hand liegen müssen. Klarheit und Ordnung in allen Dingen werden die nicht immer leichten Verrichtungen durch eine übersichtliche Lagerbuchführung wesentlich fördern.

Dispositionstalent neben individuellen praktischen Organisationskenntnissen werden den verantwortlichen Leiter selbst einer großen Expedition instand setzen, alles reibungslos abzuwickeln. Ich will versuchen, einen kurzen Einblick zu gewähren in einen Expeditionsbetrieb. Ich will mich dabei auf die rein kaufmännischen Erfordernisse für die Einteilung der Geschäftsfälle auf organisatorischer Grundlage beschränken.

Die eingehende Post. Nach Austeilung der Post und nachdem diese in das Posteingangsbuch eingetragen ist, wird sie in die Hände des Expeditionsleiters gelangen. Es empfiehlt sich, den Eingang hier ebenfalls zu buchen und dabei die entsprechenden Kontrollvermerke zu machen für die weitere Bearbeitung bzw. Austeilung an andere Abteilungen. Das Ergebnis ist die jederzeit mögliche Übersicht über die täglich einlaufenden Geschäftsfälle bei gleichzeitiger Kontrolle für die prompte Erledigung.

Die Fabrikation. Bei Eingang der Aufträge sind die Verkaufsergebnisse sämtlich *täglich* in die Statistik einzutragen, und zwar in eine solche, die zugleich den Tageseingang mit der Umsatzkontrolle verbindet und zugleich als

Verkaufsstatistik dient. Von dieser letzteren erfolgt dann der Übertrag in die Anfertigungslisten oder in ein dazu bestimmtes Buch, da ja nicht immer gleich fehlende Mengen ergänzt, sondern aufgesammelt werden, bis sich eine Neuanfertigung lohnt. Es gibt eine Reihe von Fabrikaten, deren Anfertigung sich in geringen Mengen lohnt, wie beispielsweise gespritzte Artikel, konfektionierte Waren, handgemalte Karten, also allerlei Erzeugnisse, die entweder im eigenen Betrieb oder teilweise außer dem Hause angefertigt werden.

Nun kommen wir zu den Artikeln der Eigenfabrikation.

Wie nun ermittelt wird, welches Neuanfertigungsquantum erforderlich ist, unter Berücksichtigung etwa in Aufarbeit befindlicher Posten, ergibt das Vertrautsein mit der Statistik in Verbindung mit dem Lagerbuch.

Ist die Ware fabrikatorisch soweit hergerichtet, daß sie sich dem Endstadium der Fertigstellung nähert, dann ist die *Beschriftung der Auflage* zu berücksichtigen, sofern es sich um Erzeugnisse handelt, die so in den Handelsumlauf kommen. Diese Textbeschriftung ist besonders wichtig, da es sehr unvorteilhaft ist, kleine Warenposten mit Aufdrucktexten versehen zu lassen, wenn sie sich womöglich durch häufigere Nachaufträge wiederholen und durch nachträgliches Aufbringen mehrfache Maschineneinrichtungskosten für die maschinelle Aufbringung der Texte im Hoch- oder Flachdruck erforderlich sind.

Statistische Erhebungen und Nachkalkulationen der Selbstkosten lassen sich leicht an die gemachten Bestellungen anschließen, nur müssen die für die Anfertigung erforderlichen Berechnungen seitens des technischen Personals stets gewissenhaft auf den dafür auszugebenden Berechnungszetteln, auch Tagesarbeitszettel genannt, ausgefüllt und dem Betriebsbüro dann überwiesen werden zur weiteren Auswertung der festgestellten positiven Zeiten produktiver Arbeitsleistung für den jeweiligen Auftrag.

Über den Stand der vorliegenden Aufträge in den einzelnen Betriebsabteilungen führe man am besten gesonderte Terminaufstellungen ähnlich nachstehendem Muster, das für die besonderen Bedürfnisse einer bestimmten Abteilung gedacht ist.

Datum des Auftrags-einganges	Bezeichnung der Arbeit	Nr. der Auftrags-tasche	Menge	Wohin geht die Ware?	Termin-angabe	Liefervermerke

Erwähnenswert ist auch der *Papierabgabezettel*, der für die Ausgabe der benötigten Planopapiere an die Druckersäle ein Erfordernis ist und dessen gewissenhafte Ausfüllung nicht nur dem Papierschneider eine Anweisung gibt für die Weiterbehandlung des Schneidegutes, sondern dessen genaue Ausfüllung ganz besonders erforderlich ist für den *Papierverwalter*, der danach dann seine Lagerkartothek bzw. das Papierlagerbuch auf dem laufenden hält.

Papierbezugschein		
Druckauftrag:		Nr. der Auftragtasche:
....		....
Bogenmenge:	Sortenbezeichnung:	Format:
....	....	.... × ....
Lieferant:		
Datum der Ausgabe:		Unterschrift:
....		....

Organisatorische Maßnahmen für besondere Fälle

Es ist selbstredend dafür Vorsorge zu treffen, daß besonders wichtige Fälle, die zur bestimmten Stunde erledigt werden müssen, im Drange der Geschäfte nicht in Vergessenheit geraten. Wir haben Notizblätter und Zettel, für die Kartothek werden »die Reiter« in bestimmter Form und Farbe entsprechend gesteckt, wir haben für lange laufende Arbeitsvorgänge Terminmappen, Terminkalender, Kalender mit Notizraum und manches andere Hilfsmittel mehr.

Zettel sollten stets zusammengeklammert gehalten werden, denn nur zu leicht kann so ein Blatt in Verlust geraten, das dem Gedächtnis eine Nachhilfe sein sollte. Für besonders dringende Fälle, hinsichtlich deren Erledigung man sich stets am besten auf sich selbst als auf die Erinnerung anderer Beauftragter verläßt, habe ich mir früher einen entsprechend kenntlich gemachten Zettel in Augenhöhe vom Schreibtisch aus sichtbar angebracht.

Auch im schriftlichen Verkehr lassen sich Vorkehrungen treffen zur Kenntlichmachung besonderer Dringlichkeit oder Wichtigkeit. Wir sehen das beispielsweise im Privatleben bei den *dringenden* Telegrammen auf der Post, die einen kleinen knallroten Papierstreifen am Kopfende tragen und sich somit unter großen Mengen ähnlicher Vordruck als besonders beachtenswert dem Bearbeiter kenntlich machen.

Im praktischen Geschäftsleben ist das zu erreichen durch Verwendung von Vordrucken mit entsprechendem andersfarbigem Aufdruck als die Papierfarbe, und zwar als Längs- oder Querstreifen über die ganze Drucksache oder nur über eine Ecke in Form eines mehr oder minder breiten Bandes, durch farbig bedruckte Ränder u. a. m.

Für den letzten Fall wird das Hervorheben besonders wichtiger Stellen durch Unterstreichen (ganz besonders auch mit andersfarbiger Tinte oder Farbstift) genügen. Für besonders dringliche Sachen aber werden weitergehende Vorkehrungen getroffen werden müssen.

Im Schriftwechsel hat sich die Verwendung der verschiedenen Papierfarben für bestimmte Gelegenheiten, gewisse Abteilungen oder sonstige Zwecke ebenfalls eingeführt.

Filiale London z. B. hat grundsätzlich blaue Briefbogen, New York grüne usw. Für jeden Geschäftsfall, sofern er einen umfangreichen

Schriftwechsel erfordert, sollte nur immer ein Blatt verwendet werden, weil das die Übersichtlichkeit fördert und auch zur rascheren Erledigung wesentlich beiträgt. Nun können natürlich auch die Farbenabstufungen auch für bestimmte Geschäftsfälle eingeführt werden. Aufträge werden auf weißem Papier (schon der besseren Lesbarkeit halber), Bestellungen auf rosa, Reklamationen auf gelbem Papier zu erfolgen haben.

Sogleich nach Entnahme dieser Schriftstücke aus dem Umschlag werden sie für die betreffenden Abteilungen zurechtgelegt nach Erledigung der üblichen Behandlung (Eintragung in das Tagesjournal, Kundenkarthotek, Bestellkarte), um dann in Umlauf gesetzt zu werden.

Die Verfügung über das Schneidegut

Es sei auch noch auf eine weitere Fehlerquelle hingewiesen. Das ist der häufig zu beobachtende Mangel an zielklaren Angaben mit Bezug auf das Schneiden bzw. die weitere Verarbeitung der einzelnen Nutzen.

Nicht in allen, sogar häufig nur in wenigen Fällen geht das vom Großhändler angelieferte Papier nach Entfernung der Umhüllung in den Druckersaal zur weiteren Bearbeitung. Nur zu häufig muß der Planobogen durchgeschnitten, geviertelt oder sonstwie auf Formate geschnitten werden, wie sie der betreffende Auftrag erfordert.

Um zu vermeiden, daß das Papier auf Grund irgendeines mündlichen Mißverständnisses voreilig »verschnitten« wird, sei es Prinzip, nur *schriftliche Anordnungen* zu treffen für die weitere Verarbeitung.

Sofort bei der schriftlichen oder fernmündlichen Bestellung einer bestimmten Papiersorte bei irgendwelchen Lieferanten — ich nehme Anfertigungen dabei aus — wird ein kleiner Laufzettel ausgeschrieben, der eine dreifache Aufgabe erfüllt und dazu dient:

1. die Eintragung im Papierbestellbuch vorzunehmen;
2. die *Buchbinderei* über den Verwendungszweck zu unterrichten;
3. die Zettel können, da sie linksseitig perforiert sein sollen, an die Papierlieferung selbst angeklebt werden;
4. kommen sie nach Erledigung des Schneidevorganges von der Buchbinderei gleichzeitig als Begleitzettel in die Druckerei, um Rückfragen zu vermeiden, für welchen Auftrag das zugeschnittene Papier bestimmt ist.

Über die *Ausführung dieser Anlagezettel* sei folgendes gesagt:

Die textliche Fassung geht aus dem hier beigegebenen Schema hervor, gedruckt auf farbigem gummiertem Papier, soll der Papierlauf-

Besteller: .... **Datum:** ....

Auflage beträgt: .... **Format:** ....

Das Papier wird geliefert von: ....

Es sind bestellt am: ....

.... **Bogen im Format:** ....

Bemerkungen: ....

....

....

....

zettel nach Erledigung eventuell rückseitig auf die Arbeitstasche zu Kontrollzwecken aufgeklebt werden. Er kann auch auf ein großes Blatt Papier aufgeklebt werden und wird als Beleg in den Vorgang eingereiht, der in die Arbeitstasche hineingehört.

Die Lagerbuchführung und das Warenlager

Wenn wir uns die alljährlich zur Veröffentlichung gelangenden Jahresberichte unserer industriellen Unternehmungen betrachten, haben wir zur Zeit der blühenden Konjunktur stets gefunden — und das wird sich auch immer wiederholen —, daß in der Bilanz des Wirtschaftsunternehmens eine oft mehr oder minder große Summe für das vorhandene Warenlager eingesetzt ist.

Natürlich ist es für die Geschäftsleitung stets am vorteilhaftesten, wenn die einlaufenden Aufträge so beschaffen sind, daß die gesamte Leistungsfähigkeit an Menschen und Maschinen kaum genügt, ausschließlich die Bestellungen rechtzeitig ausführen zu können. Dadurch bleibt dann gar keine Zeit übrig, größere Posten auf Lager zu arbeiten, was der Fall sein müßte, wenn der Betrieb nicht ausreichend beschäftigt wäre, sofern nicht eine teilweise Lahmlegung desselben durch vorübergehendes Aussetzen des Arbeitspersonals vorgezogen wird.

Die gesündeste Art des Geschäftsbetriebes wird nun allemal die sein, *möglichst wenig* auf Lager zu arbeiten, wodurch natürlich die Ertragfähigkeit des Unternehmens ungemein gefördert wird. Jedenfalls ist das für die Dispositionstalente der betreffenden Firmen kein besonderes Ehrenzeugnis, wenn sich das Warenlager alljährlich automatisch vergrößert.

Nicht in allen Fällen wird aber ein zu großes Lager auf eine mangelhafte Disposition zurückzuführen sein, da kein Mensch bei Vorausbestimmungen der Lagermengen im voraus wissen kann, wie sich das Geschäft in den einzelnen Artikeln anlassen wird. Man kann wohl an Hand statistischer Nachweise die Gängigkeit eines Artikels auf Grund der Verkäufe einer oder mehrerer abgelaufener Geschäftsperioden mit mehr oder minder annähernder Sicherheit vorausbestimmen. Nach diesem Ergebnis werden dann natürlich auch die Dispositionen hinsichtlich der Bemessung neu anzufertigender Mengen ähnlicher Warengattungen getroffen werden.

Unvorhergesehene Zufälligkeiten lassen natürlich selbst sorgfältigste Vorausberechnungen in die Brüche gehen, doch mit solchen Möglichkeiten in dem Rechenexempel der kaufmännischen Erwerbstätigkeit von Anfang an als mit einer bekannten Größe zu rechnen, wäre wohl etwas kleinlich, da solche Ereignisse meist schon lange vorher in der Luft liegen und den immer rechnenden und berechnenden Kaufmann zur Vorsicht mahnen sollten. Im allgemeinen wird es ein Vorteil sein, sofern die Herstellung der Erzeugnisse in größeren Mengen erforderlich erscheint, diese nicht ausschließlich für einen bestimmten Zweck herzurichten.

Ein großer Teil von Artikeln dient mehr als einem solchen und ist, wenn neutral aufgemacht, den verschiedenen Verwendungsmöglichkeiten entsprechend dienstbar zu machen. Selbst alte Ware läßt sich immer noch einmal für irgendwelche besonderen Zwecke verwenden, nur müssen stets neue Zusammenstellungen durch Wechseln der Ausstattung und sonstige Anpassungsmöglichkeiten geschaffen werden, um damit ganz neue eigenartige verkaufsfördernde Wirkungen zu erzielen, da auf diese Weise neuartige Handelsartikel geschaffen werden.

Doch gar zu kleinlich darf ein weitsichtiger Fabrikant nicht sein, da jedes Unternehmen mit einem gewissen Prozentsatz an Ausfall nicht ertragfähiger Mengen rechnen muß, der als totes Kapital im gewissen Sinne aber dennoch produktiv arbeitet.

Auch als Ersatz für ausgegangene Lagerware wird sich hier und da der Bestand an Nummern älteren Datums als nützlich erweisen, um eingegangene Verpflichtungen in bezug auf Lieferung geschlossener Kommissionen zu vorbestimmten Zeiten prompt erfüllen zu können. Damit soll nicht gesagt sein, unnötig lange allen unbrauchbaren alten Krempel aufzuheben.

Was unbrauchbar ist, soll ruhig den Weg alles Irdischen gehen, und zwar sobald wie möglich. Schließlich bringt der Verschleiß der Abfälle immer noch einen wenn auch nicht gerade erheblichen Erlös. Um einen Überblick über die Leistungen zu schaffen, sollte Ramsch überhaupt nicht aufbewahrt, sondern gleich zerrissen und in den Abfallkasten getan werden. Es ist neben der sorgfältigen Führung von Statistiken auch notwendig, eine genügende Auswahl der Erzeugnisse in Musterbüchern eingeordnet aufzubewahren, um an Hand derselben einen Beweis für die eigene Leistungsfähigkeit zu erbringen und zugleich einen Überblick über das bisher Geschaffene bieten zu können.

Die alljährlichen Inventuraufnahmen sollten möglichst von eingearbeitetem Personal gemacht werden. Da bei dieser Verrichtung doch meist die gesamten Vorräte einmal durchgezählt werden, empfiehlt es sich, von allen Nummern dabei gleichzeitig einige Stücke für Bemusterungen abzunehmen und zur Seite zu legen. Es ist eine Kleinigkeit, den Paketen eine verhältnismäßig geringe aber genügende Anzahl von Mustern zu entnehmen. Wenn auch die Reisenden, Agenten, Filialen u. a. stets Muster erhalten haben und in ihren Verkaufsräumen lose oder in Büchern führen, so kommt es doch zuweilen vor, daß ein Kunde hier und da die Anstellung irgendeiner Kollektion besonders verlangt. Auch werden oft einzelne Muster unansehnlich oder geraten, sofern sie lose gezeigt werden, in Verlust. Wer durch die Praxis geschult ist, der entnehme lieber einzelne Muster den Paketen, um sich nicht geschlossene Serien zu zerreißen. Tut er es dennoch, so lege er einen Zettel mit der entnommenen Nummer an die Stelle der Ware, um bei Weggabe einer geschlossenen Kollektion etwa fehlende Nummern dann an Hand der Belege ergänzen zu können.

Mit der Einführung dieser Zurücklagen wird viel Zeit durch langes Suchen nach Mustern erspart, was besonders bei starker Belastung während der flotten Geschäftszeit nicht unwesentlich auf die tägliche Zeiteinteilung wirkt.

Auf diese Weise erspart man sich das nachträgliche Aufreißen der geordneten und verschlossenen Pakete. Aufgerissene Pakete müssen stets gleich wieder verklebt werden, um ihr Verstauben zu vermeiden, wovon im Interesse einer sachgemäßen Warenbehandlung nicht abgegangen werden sollte.

Das Richten des Lagers ist eine recht lohnende Arbeit für die »stille Zeit« und sollte stets mit Umsicht vorgenommen werden. Das ist auch die geeignete Zeit, sich für die »Saison« vorzubereiten, damit dann alles glatt vonstatten geht. Nur ein durchaus instand gehaltenes, übersichtlich geordnetes Lager, nebst den dazu notwendigen »in Schuß« gehaltenen Lagerbüchern oder Karteien, wird eine gute Gewähr dafür bieten, rasches, zweckmäßiges und sicheres Arbeiten zu ermöglichen und somit zu einer flotten Geschäftsabwicklung beizutragen.

Es ist zweckmäßig, Artikel, welche diese Art der Aufbewahrung vertragen, sofern sie nicht in Kartons aufbewahrt werden, in Packpapier einzuschlagen und die Enden desselben durch Klebung zu verschließen; das Verschnüren mittels Bindfaden ist durchaus nicht empfehlenswert, weil beim zu festen Anziehen desselben die Ware leicht Beschädigungen ausgesetzt ist.

Man findet es allgemein verbreitet, daß der Inhalt eines jeden Paketes durch Ankleben eines mit entsprechender Aufschrift versehenen Aufklebeschildes gekennzeichnet wird, was auch für die äußere Aufmachung eines Warenlagers von Bedeutung ist. Die Wirkung wird noch erhöht durch deutlich geschriebene Zahlenaufklebezettel, zu deren Herstellung am besten die Rundschrift dient, sofern nicht gedruckte Etiketten mit entsprechender handschriftlicher Ausfüllung vorgezogen werden. Besser jedoch ist das Anschreiben der Inhalts-Nummern (nicht Stückzahl), da sich diese häufig ändert und hierüber ja die Aufnahmelisten (über die wir noch sprechen), bzw. die Lagerbücher Aufschluß geben, mit Farbstift, und zwar in großen und deutlich lesbaren

Ziffern. Aufschablonieren tuts freilich auch, doch muß darauf gesehen werden, daß die Ziffern nicht verschmiert werden.

Zudem sollte jedes Warenregal fette Nummern erhalten, wir werden bei der Besprechung der Einrichtung des Lagerbuches sehen, wie richtig das ist. Auch ist es für das Personal, das die Waren entnimmt, sehr wertvoll, wenn an der Querseite der Stellagen durch ein Plakat ersichtlich ist, welche Waren jeweils in den Gängen lagern. Es ist das natürlich nur möglich, wenn die einzelnen Waren Nummern führen, z. B. Regal I (Nr. 1700—1850), Regal II (Nr. 1851—1920) usw. Es erleichtern diese Angaben das langwierige Suchen nach bestimmten Warennummern.

Bei der Lagerung von flachliegenden Waren, wie etwa Planobogen von Bezugpapier, sollte zwischen je 25 oder 50 Bogen immer ein Zettel gesteckt werden, um die einzelnen Lagen zu kennzeichnen, sofern das nicht aus der äußeren Umhüllung schon hervorgeht; besonders häufig wird das Papier riesweise gepackt, und jedes durch eine besondere Umhüllung kenntlich gemacht.

Die Regale zur Aufbewahrung aufgearbeiteter Waren sollen aus festem Holz bestehen, um auch einer größeren Belastung gewachsen zu sein. Da die Bodenbretter, besonders größere Flächen, bei andauernder Belastung tief durchbiegen, ist es von Anfang an empfehlenswert, starke Querleisten darunter zu nageln, die dann für die ganze Fläche einen genügenden Widerstand bieten.

Jedes Regal sowie jedes Fach sollen eine Nummer tragen, was wesentlich zur schnelleren Auffindung der gesuchten Ware beiträgt. In keinem Falle soll solche uneingepackt gelagert werden, weil sie durch die äußeren Einflüsse wie Licht, Staub, Hitze u. a. Schaden leidet. Im äußersten Falle lege man einen Bogen Papier als Oberflächen- sowie als Seitenschutz vor der Verstaubung darüber. Zweckmäßig ist es, auch für gewisse Fälle, besonders bei räumlich beschränkten Erzeugnissen (Reliefs, Bildern usw.), ein fertiges Stück der Ware an die Außenseite des Paketes zu kleben und mit entsprechender Nummer zu versehen, wie es bei Gratulations- und Postkarten, die zu 500 bis 1000 Stück gepackt werden, wohl ausnahmslos geschieht. Selbstredend schließt diese Einrichtung nicht jenes Erfordernis aus, auch die gleichen Muster noch im gesonderten Handmusterbuch des Abteilungsleiters zu führen.

Das Lager soll keineswegs als ein Abladeplatz betrachtet werden, das zur Aufbewahrung und Ablagerung alles nur Erdenklichen dient. Alle Artikel einer Gattung haben immer zusammen zu liegen, damit bei Räumung des Lagers bestimmter Nummern nicht noch an anderer Stelle untergebrachte Posten unberücksichtigt stehenbleiben, die dann später einmal »entdeckt« werden. In ordnungsgemäß geführten Lagerbüchern wird man ja allerdings leicht feststellen, welche Mengen stets vorhanden sein müssen, wodurch eine Gewähr für zuverlässiges Aufarbeiten vorhandener Mengen geboten wird. Wir wollen aber ehrlich sein: Wer möchte wohl in der kaufmännischen Praxis aus seiner Erfahrung heraus auf die unbedingte Verläßlichkeit der Buchungen (besonders in der Lagerabteilung, wo tagsüber sehr viel durcheinander kommt) restlos vertrauen?

Nur dadurch ist eine gewissenhafte Instandhaltung des Lagers gewährleistet, daß nicht jede beliebige Person demselben die zur Vervollständigung der Aufträge erforderlichen Mengen zu entnehmen berechtigt ist, ohne wenigstens geeigneten Ortes davon eine entsprechende Meldung zu machen.

Zweckmäßig wird es sein, diese durch Eintragung in ein eigens dazu bestimmtes Buch zu bewerkstelligen, aus dem dann die Übertragungen der Entnahme in das Lagerbuch gemacht werden. Für ordnungsgemäße Meldung der Zugänge muß selbstredend Sorge getragen werden, um stets ein klares Bild des Lagerbestandes zu haben. Wer da glaubt, daß die Lagerbuchführung etwas Gleichgültiges ist, der ist schwer im Irrtum. Auf einen durchaus ordentlichen Zustand der Lagerbuchführung in den Verlagsanstalten sollte unbedingt das größte Gewicht gelegt werden. Sie soll nicht nur übersichtlich angelegt werden, sondern auch allen Anforderungen neuzeitlicher Geschäftsführung entsprechen. Bei einem gut durchgeführten System wird die Einrichtung des Lagerbuches als ein unentbehrliches Hilfsbuch für den Kaufmann gelten können. Wie nun ein solches Lagerbuch angelegt und geführt werden soll, wollen wir uns in seinen Grundzügen im nachstehenden vergegenwärtigen.

Um zu wissen, was die einzelnen Regale an fertiger Ware bergen, dient die Einrichtung des Lagerbuches. Dieses kann einen doppelten Zweck erfüllen. Einmal können Illustrationsabzüge der Ware, die aus

Preisverzeichnissen entnommen sind, zu jeder Nummer geklebt werden, wodurch sie zugleich zu einem illustrierten Musterbuch ausgestaltet werden.

Die Lagerbücher lassen sich auch zu einer Art historischen Rückblicks auf die Entwicklung der einen Warennummer aus der anderen dadurch gestalten, daß neben der Warennummer auch die Entstehungsnummer aus einer anderen Warenkategorie gesetzt wird, und zwar aus einer anderen Warennummer oder unter Angabe der Arbeitsnummer, wie sie den damit betrauten Personen zur Kennzeichnung dient und bekannt ist. In großen Betrieben wird es notwendig sein, wenigstens von den gangbarsten Warengattungen je ein solches Verzeichnis zu führen. Doch das sind Erfordernisse, über welche die Praxis von Fall zu Fall entscheidet.

In dem Lagerbuch muß zunächst einmal die Warennummer zu finden sein. Wo für das gleiche Erzeugnis vielleicht nur in anderer Aufmachung auch verschiedene Nummern bestehen, sollten diese als Anmerkung ebenfalls beigesetzt werden, um eine schnelle Auffindung derselben zu ermöglichen. Für umfangreiche Erhebungen dieser Art wird die Anlage eines Inhaltsverzeichnisses zu empfehlen sein.

Neben der Warennummer hat die Nummer des Regals und des Faches in dem Lagerbuch zu erscheinen. Dann folgt der Bestand und der Raum für Zu- und Abgang.

Waren Nr.	aus	Gleiche Ausstattung unter Nr.	Regal	Abgang	Zugang
Lagerbuch im Sinne beistehender Erläuterung					

Eingegangene Nummern, d. h. solche, welche ausverkauft sind und von denen eine mögliche Neuanfertigung nicht mehr zu erwarten ist, sind als solche am besten durch einen entsprechenden Vermerk mit farbiger Tinte zu kennzeichnen. Da im Laufe einer jeden Saison natürlich nicht alle auf Lager gearbeiteten Warenmengen ausverkauft werden können, so wird, wenn nicht für rechtzeitiges Abstoßen von auf Lager geschriebenen Waren gesorgt wird, im Laufe der Zeit das Lager vollgepfropft und die Inventur dadurch entsprechend belastet.

Neben möglichster Übersicht ist für Eintragungen von Warenposten durchaus zu empfehlen, stets nach den Originalbuchungen zu arbeiten, da Kopien nicht selten eingeschlichene und abgeschriebene Fehler enthalten können, die das ganze Bild verschieben.

In jedem Falle sollte man Kürzungen vermeiden und alle Notizen immer ausschreiben, weil erst durch die Vollständigkeit eine Gewähr für die Richtigkeit geboten erscheint und nicht nur dem besonders »Eingeweihten« die erforderliche Klarheit geben.

In den Lagerbüchern sollen Eintragungen möglichst nur mit Tinte gemacht werden, um Unleserlichkeit oder wohl gar Änderungen von unberufener Seite vorzubeugen. Bleistiftvermerke sollen sich stets nur auf Bemerkungen untergeordneter Art beschränken, die wohl für den Augenblick von Bedeutung, dann aber wieder entfernt werden können. Auf diese Weise wird man sich ein System schaffen, mit welchem man sich bei Aufwendung einiger Sorgfalt schnell und gerne vertraut machen kann und das zudem noch den Vorzug hat, durchaus praktische Vorteile in sich zu schließen.

Vor allem sind es die Lagerverzeichnisse der Vorräte, welche zu einer verhältnismäßig einfachen Abwicklung der Geschäfte viel beitragen können. Die Notwendigkeit dürfte einleuchten, die jeweils angeforderten Mengen darin in einer Rubrik hinter der Bestandsangabe mit Angabe des Tagesdatums und der Menge oder nur diese allein abzuschreiben und nach Erledigung zu streichen. Sofern die betreffende Nummer weitergeführt wird oder nicht, muß in irgendeiner Weise ein Vermerk darüber gemacht werden, daß eine Neuanschaffung vorgemerkt oder nicht mehr zu erwarten ist. Da solche nicht selten Fabrikationsnummern in der Reihenfolge des Eingangs tragen, wird das Beisetzen solcher ungemein viel zur Erleichterung beitragen. Selbstverständlich wird diese Art von Kontrolle nur dann von praktischem Wert sein, wenn die Buchungen stets sorgfältig am besten gleich nach Eingang der Bestellungen gemacht werden. Ausverkaufte Nummern sollen sofort zur Kenntnis der dafür interessierten Personen gebracht werden. Es ist zweckmäßig, Sammellisten nach Gattung der Artikel geordnet anzulegen und in diese die betreffende fehlende Nummer einzutragen, sobald solche vom Lager als fehlend gemeldet wird. Je nachdem nun die Ermittlungen ergeben, ob noch Ware zum Aufarbeiten in Form von Planobogen vorhanden ist oder nicht, wird sich nach der Gängigkeit feststellen lassen, ob es sich um gutgehende, laufende oder dem Ausverkauf unterstellte Nummern handelt, und die weitere Behandlung solcher Eintragungen danach gestaltet.

Von Zeit zu Zeit wird es angebracht erscheinen, an Hand der Bücher bzw. durch Lageraufnahmen den Bestand festzustellen und Listen anzulegen, um sich für das Räumen von Warenposten entsprechend interessieren zu können, die das Lager unnötig belasten, sei es durch direkte Anstellungen an den Kundenkreis oder an die Agenten, Vertreter, Filialen usw. Gut geführte Lagerbücher werden eine dankenswerte Einrichtung zur schnellen Erledigung solcher Arbeiten sein.

Zunächst sollten solche Aufnahmen in mehreren Exemplaren (in Maschinenschrift mit Durchschlägen!) hergestellt werden, damit nicht nur der betreffende Reisende unterrichtet ist, sondern auch das Personal im Hause einen Beleg dafür hat, was angeboten wurde und an wen. Zweckmäßig wird es sein, in diese Liste, wenn angängig — es wird das nicht in allen Fällen ausnahmslos zu machen sein —, denjenigen Mindesterlös einzusetzen, unter den nicht heruntergegangen werden sollte.

Bezüglich des Mindesterlöses wird seitens der Verkäufer mit dem Handelshause leicht von Fall zu Fall eine Verständigung möglich sein.

Solche Listen sind, wenn gewissenhaft geführt, eine gewaltige Erleichterung bei Inventuraufnahmen, da man schon das Endresultat der Lagerbuchbestände hat. Lageraufnahmen sollten nur von solchem Personal gemacht werden, das mit den betreffenden Artikeln genau vertraut ist. Als System wollen wir dabei als empfehlenswert festhalten:

Zunächst wird ein Schema gemacht, in das alle Materialien, die in Frage kommen, nach den Preisbüchern eingeschrieben werden. Ist schon eine gründliche Aufnahme gemacht worden, dann genügt es, nur die letzte Aufnahme wieder zu benutzen, unter entsprechender Ergänzung durch die neu hinzukommenden Warenerzeugnisse. Diejenigen Nummern, welche von der früheren Aufstellung in der Zwischenzeit ausverkauft wurden, fallen aus. Jedwede Bestandsaufnahme muß peinlich genau gemacht werden, es empfiehlt sich für jede Abteilung bzw. Lagerraum eine Rubrik einzurichten für fertige Lager- sowie halbfertige Ware. Besonders bei Ausverkauf von geschlossenen Lagerposten soll besonderes Augenmerk darauf gerichtet werden, daß auch in der Tat der *gesamte* verfügbare Bestand weggegeben wird und nichts unberücksichtigt bleibt, was hernach nur noch reif ist für die Altpapierverwendung.

Um ganz sicher zu gehen, daß nichts übersehen wurde, auch vielleicht noch in Arbeit befindliche Posten, ist für jede der in Frage kommenden Abteilungen eine besondere Rubrik für fertige und halbfertige Ware einzurichten, die von der für die Führung verantwortlichen Person entsprechend ausgefüllt werden muß. Alle diese Bestände werden in einer Schlußrubrik zusammengezogen und dann erst wird eine Reinschrift hergestellt. Selbstverständlich müssen derartige vorbereitende Aufnahmen sorgfältig aufbewahrt werden, um bei späterer Beanstandung bei Lieferung der Vorräte auf den schuldigen Teil zurückgreifen zu können.

Trotzdem sollte vielleicht halb- oder ganzjährig, am zweckmäßigsten an Hand der Inventuraufnahmen, eine Prüfung solcher Listen vorgenommen werden, um sich vor unliebsamen Enttäuschungen zu schützen. Zu diesem Zwecke sind Lageraufnahmen von Zeit zu Zeit zu machen, was sich an Hand ordnungsgemäß geführter Verkaufsbücher unter Nachprüfung der tatsächlichen Bestände leicht bewerkstelligen läßt. Vor allem muß nicht mehr Vorhandenes stets gleich abgestrichen werden, um stets ein klares Bild von dem vorhandenen Lagerbestand zu gewinnen. Es ist das für die rasche Abwicklung des täglichen Geschäftsverkehrs von großem Wert und erspart viel unnütze Zeitaufwendung durch Neuaufnahme des vorhandenen Lagers.

Größere Verkäufe bzw. gänzliche Räumung des Lagers ist in diesen Listen entsprechend zu vermerken (in letzterem Falle durch Streichen mit Datumangabe). Um den gegenwärtigen Stand zu ermitteln und übersichtlich zu gestalten (sofern keine Aufnahme erfolgt), ist zeitweiliges Umschreiben solcher Aufnahmen unter Berücksichtigung der Änderungen zu veranlassen. Solche Listen bewahrt man in Mappen auf oder noch zweckmäßiger in Briefablegemappen, weil durch das mechanische Einspannen ein Verlorengehen einzelner Listen ausgeschlossen ist.

Betriebe, die für sehr viel verschiedene Artikel solche Listen einrichten, tun gut, sie zu numerieren. Zum Zwecke schnelleren Auffindens wird als Titelblatt ein laufend numeriertes Inhaltsverzeichnis eingeheftet.

Die Räumung des Lagers ist selbstredend entsprechend zu vermerken, und zwar am besten sofort, zum mindesten in ganz kurz bemessenen Zwischenräumen und an alle diejenigen Personen zu melden, welche die betreffenden Warengattungen freibleibend anbieten, wie beispielsweise auf der Reise befindliche Vertreter, Agenten, auswärtige Filialen u. a. m., und womöglich auch den Hauptabnehmern gewisser Warengattungen, die laufend Aufträge geben, damit sie die Muster aus dem Verkauf ziehen können.

Vor allem empfiehlt es sich, sofern Waren an verschiedene Interessenten ausgeboten werden, nur sehr geringe Bestände, sagen wir nur bis 50 Stück, überhaupt nicht aufzunehmen, solche Restposten lassen sich am Ort oder in einem Sammelangebot zu annehmbaren Preisen abstoßen. Man erspart auf diese Weise unnötige Weggabe von Mustern.

Zum Schluß noch möge der Hinweis gestattet sein, daß es sehr unzweckmäßig ist, ein überaus großes Lager zu halten. Nur dasjenige Fabrikationsgeschäft kann auf gute Erfolge blicken, welches mit möglichst geringem Lager arbeitet, das stets genügt, um zur Vervollständigung des Bedarfes für eine angemessene Zeit zu dienen.

Wenn wir uns mit der Behandlung und Bearbeitung eingehender Aufträge befaßt und gesehen haben, welche Sorgfalt diesen wichtigen Eingängen angedeihen muß, so wollen wir uns zum Schluß gesagt sein lassen, daß auch für das Gegenteil entsprechend vorgesorgt werden muß, nämlich für das *Annullieren.*

Das Weiterverarbeiten von Warenposten, die später nicht abgenommen werden, ist einer der ungünstigsten Umstände, um die Inventur zu belasten, wenn nicht besonders glückliche Verhältnisse ein anderweitiges Abstoßen als aussichtsvoll erscheinen lassen.

In jedem Falle müssen die Wünsche der Kundschaft, die auf eine Ablehnung der Warenabnahme hinzielen, sofern es sich um Neuanfertigungen handelt, welche außerordentliche Aufwendungen erfordern, *sofort* in allen entsprechenden Arbeitsabteilungen unzweideutig allen damit betrauten Personen möglichst auf schriftlichem Wege mit Gegenquittung zur Kenntnis gebracht werden, da mündliche Andeutungen leicht überhört und nicht berücksichtigt werden.

Für ein gesundes Arbeiten wird es vor allem Bedingung sein, etwaige Änderungen bzw. Verbesserungen an Aufträgen, Tarifen u. a. m. stets sofort nach Bekanntwerden, und zwar gründlich, vorzunehmen. Damit ist die Sache nicht abgetan, daß man persönlich von einer Sache Notiz nimmt. Meist sind noch so und so viel andere Personen in großen Betrieben an der Fertigstellung einer eingehenden Bestellung beteiligt, die natürlich über jede Veränderung ebenfalls auf dem laufenden sein müssen.

Für solche Zwecke empfiehlt sich die Einführung eines Büchleins, in welches derartige Änderungen unter Datumsangabe eingetragen werden, deren Kenntnisnahme die Interessenten jeweilig durch Beisetzung ihrer Namensunterschrift nebst Datum bekräftigen müssen.

Ein Schmerzenskind im Expeditionswesen sind die »Retourwaren«. Sofern solche nicht zum Zwecke der Ausbesserung eingehen, sondern in des Wortes eigenster Bedeutung als nicht angenommene Ware zu betrachten sind, sollen sie sofort nach Eingang auf ihre weitere Verwendbarkeit hin geprüft, bei Bedarf ausgebessert und dann wieder in das Lager eingereiht werden, um eine weitere Verwendung zu ermöglichen.

Hand in Hand damit muß eine entsprechende Verbuchung des Einganges im Lagerbuch vorgenommen werden, und um eine gleichlautende Buchung mit dem Kunden zu erzielen, sollte diesem der Empfang und die Rücknahme der Ware angezeigt werden, zugleich mit einer Gutschriftanzeige.

Organisatorische Hilfsmittel für den Einkauf, die Materialverwaltung und Werkzeugpflege

Jeder Fachmann sollte zugleich praktischer Kaufmann sein. Diese Parole ist schon der Inhalt spaltenfüllender Artikel in der graphischen Presse gewesen, und man geht wohl nicht fehl, wenn man behauptet, daß kein Kenner einschlägiger Verhältnisse anderer Meinung sein kann.

In großen Verlagsanstalten gibt es mehr oder minder zahlreiches kaufmännisches und technisches Personal, welches über alle Geschäftsvorfälle zu wachen hat und dessen Aufgabe es ist, rechtzeitig für Ersatz ausgegangener Materialien zu sorgen. Anders ist es schon in kleineren Betrieben, wo der Inhaber oder sein Stellvertreter zugleich sein eigener »junger Mann« und Disponent ist, dem die Verantwortung für die Gesamtarbeitsleistung zufällt, woselbst das Gelingen des Geschäftes einzig und allein von seinen Maßnahmen abhängt.

Unternehmen, die längere Zeit bestehen und deren Inhaber über die nötigen Erfahrungen verfügen, werden auch zweckmäßige Mittel an der Hand haben, um sich vor unangenehmen Überraschungen zu schützen.

In nachstehendem wollen wir einige Hinweise geben, wie man zweckmäßig disponieren sollte beim Einkauf von Papieren, denn damit beginnen die organisatorischen Vorarbeiten zur Betriebsführung. Es ist nicht zweckmäßig, für alle Lieferungen von Druck- oder sonstwelchen in großen Mengen benötigten Papiersorten nur immer einen Lieferanten zu haben, obwohl das auf den ersten Blick hin viel für sich hat, besonders hinsichtlich der qualitativen Beschaffenheit des Stoffes. Die Papiere nur von einer Fabrik werden die Verbraucher an die Eigenheiten derselben gewöhnen, doch bei Überlastung *einer* solchen Fabrik wird dieselbe mit Bezug auf die Lieferung des Bedarfes schwerlich allen Anforderungen gerecht werden können, und dann sitzt der Verbraucher eines schönen Tages fest. Abgesehen davon ist es vom rein kaufmänischen Standpunkt durchaus notwendig, stets auch die Konkurrenz zu beschäftigen.

Ein guter Einkäufer muß vor allem seine Lieferanten kennen, ihre Preise einholen, um sich vor Übervorteilungen zu sichern und geeignetenfalls auch zu bestellen, um zu wissen, für welche Sorten er sich bei Bedarf am zweckmäßigsten an sie wenden kann. Es ist durchaus nicht gesagt, daß eine Chromopapierfabrik auch ebensogute Kunstdruckpapiere bzw. ungestrichene Papiere und Kartons fertigt. Da geht eben Probieren über Studieren; durch längeres Zusammenarbeiten zwischen Hersteller und Verbraucher wird es sich zeigen, ob die Ansprüche an die Leistungsfähigkeit hinsichtlich Menge und Güte der Erzeugnisse vollauf befriedigt werden. In jedem Falle soll der Verbraucher die ihm unterbreiteten Vorschläge der Papierfabrikanten nicht vor eingehender Prüfung schon als abgetan betrachten, da er bei der fortschreitenden Technik nicht im voraus wissen kann, ob sich nicht brauchbare Resultate durch eine Stoffänderung und damit zusammenhängende Verbilligung des Einkaufs — und mithin der Herstellung erzielen lassen. Es bieten sich also Vorteile, welche für den *Kaufmann* nutzbringend sind.

Wie nun die Möglichkeit gegeben ist, umsichtig und zweckentsprechend zu disponieren, zugleich auch die Verwaltung und Instandhaltung des Materiallagers zu vereinen, wollen wir uns gleich einmal an einem organisatorischen Hilfsmittel vergegenwärtigen.

In dem Kontor, im Lagerraum, eventuell auch in beiden, hält man sich eine für die gangbarsten Materialien angelegte Tabelle, welche neben der Bezeichnung der Sorten und eventuell des Formates stets den Lagerbestand aufweist, den man am Ende jeder Woche ermittelt. Da es sich stets um mehrere Sorten Papier sowie Karton beim Verbraucher handeln wird, so schreibt man am zweckmäßigsten an der linken Seite aller Eintragungen das betreffende Tagesdatum der letzten Aufnahme und dann zeilenweise die ermittelten Bestände hinein. Für Papier wird die Bogenstückzahl, für andere Materialien das Gewicht in Frage kommen. Geschieht das etwa in der Buchform, so sollen darin neben der Sortenbezeichnung und etwaigen weiteren eingehenderen Vermerken auch der Ausweis enthalten sein, für welchen Zweck und für welche Abteilung bzw. welchen besonderen Auftrag die Anschaffungen bestimmt sind.

Für die jeweiligen Ein- und Ausgänge schaffe man sich je ein Buch an, für letzteren Fall ist auch das System der geblockten Material- bzw. *Papierabgabezettel* zu empfehlen. Diese sollen neben der Sortenbezeichnung, Format und Anzahl der Bogen auch den Ausweis erbringen, für welchen Zweck bzw. für welchen Drucker das Papier bestimmt ist. Um eine Kontrolle über sachgemäßen Verbrauch zu ermöglichen, sollten solche Zettel ausnahmslos eine gewisse Zeit aufgehoben werden. Zu Kontrollzwecken sollten die Summen der von den einzelnen Sorten ausgegebenen Papiere zusammengerechnet und durch Abzug von dem letzten Bestand festgestellt werden, ob der neu vorgetragene Posten den Tatsachen entspricht.

Solche Zettel werden gesammelt, sortenweise zusammengelegt, die Endsumme bei jeder Abrechnung von dem jeweiligen Bestand in Abzug gebracht und der ermittelte Bestand dann neu vorgetragen.

Ein etwa festgestellter Fehlbetrag ist bald ermittelt. Die unberechtigte Weggabe von Papieren kann entsprechend geahndet werden.

Besonders kann man durch Nachprüfen unerlaubten Zuschüssen zur Anfertigungsauflage auf die Spur kommen, von denen an maßgebender Stelle nichts bekannt gewesen ist und die die Selbstkosten unter Umständen nicht wenig beeinflussen können.

Bei dem Fehlen dieser Kontrolle kann zuweilen der Nutzen einer Auflage stark beeinträchtigt werden, wenn jeder Drucker beispielsweise sich beliebige Nachlieferung an Material geben lassen wollte, um möglichst seine volle Tageslieferung herauszuholen. Man darf jedoch nicht außer acht lassen, daß besser noch als lose Zettel Eintragungen in ein kleines Heft sind, weil dadurch die Möglichkeit des Abhandenkommens einzelner Stücke nicht gar so wahrscheinlich ist. Sorgsames Aufbewahren solcher Zettel auch über den jeweiligen Abrechnungstermin hinaus ist ebenfalls nur zu wünschen, da man oft nach längerer Zeit noch einmal nachprüfen möchte, wieviel Zuschuß zu dieser oder jener Anfertigung gegeben wurde. Daher ist es empfehlenswert, solche Vermerke auch stets in diejenigen Bücher zu übertragen, in welche die Auflagen zur weiteren Bearbeitung eingetragen werden. Je nach Umfang des Betriebes wird solche Abrechnung wöchentlich oder 14tägig zu erfolgen haben. Will man den verfügbaren Bestand innerhalb dieser Zeit feststellen, so läßt sich das durch Abschreiben nach dem eben geschilderten Verfahren sofort ermitteln. Bedingung ist natürlich auch hier gewissenhaftes Arbeiten. Von Zeit zu Zeit sollte abweichend von der vorgeschlagenen Methode eine Lageraufnahme ähnlich der Inventur vorgenommen werden, unabhängig von den Eintragungen der Abrechnungstabellen, wodurch man zugleich ein zuverlässiges Bild gewinnen würde, ob die als vorhanden angenommenen Mengen auch in der Tat mit den vorhandenen übereinstimmen.

Nichts ist unangenehmer, als wenn mit dem Vorhandensein von Sorten gerechnet wird, bei deren Bedarf es sich schließlich herausstellt, daß sie nicht mehr oder in unzureichender Menge auf Lager sind. Es ist das eine Lage, welche für den Drucker recht unangenehm werden kann, besonders dann, wenn der Umdruck für eine oder mehrere Farben schon gemacht ist, die Vorarbeiten für die Fabrikation also schon über das Anfangsstadium hinaus vorgeschritten sind, und eine passende andere Arbeit, wenn auch mit entsprechender Verzögerung in der Fertigstellung der Vorbereitungen, für die Druckpresse nicht vorhanden ist. Bekanntlich kann nicht jeder Drucker auch jede Auflage ohne weiteres drucken.

Dadurch, daß man den jeweiligen Bestand eines Papierlagers, was sich ebensogut auch für jedes Materiallager sagen läßt, stets ohne große Vorarbeiten feststellen kann, läßt sich unter Vorausbestimmung der für die nächste Zeit, sagen wir 3—4 Wochen —, vorliegenden Druckaufträge ein klares Bild schaffen, was noch hereingenommen werden muß, um zur richtigen Zeit am rechten Platz zu sein.

Vom kaufmännischen Standpunkt haben wir noch auf etwas Wichtiges hinzuweisen:

Es hat sich in der Praxis bewährt und dient zu einer geordneten Abwicklung des Geschäfts, wenn die Fabrikanten von Papieren an diejenigen Abnehmer, mit denen sie in Geschäftsverbindung stehen, nach dem Umfang des laufenden Geschäfts wöchentlich oder in 14tägigem Turnus Lageraufstellungen über alles das senden, was noch auf Lager ist; unter Hinzufügung der in der Zwischenzeit bestellten und abgenommenen Ware läßt sich ein zuverlässiger Überblick gewinnen über den unbedingt vorhandenen Bestand und bietet neben praktischer Kontrolle über ausgehende Sorten zugleich eine sichere Unterlage für rechtzeitige Ergänzung knapp werdender Sorten durch rechtzeitiges Treffen entsprechender Verfügungen. Zur Vermeidung unnützer geldlicher Aufwendungen sollten nicht mehr Materialien eingekauft werden, als ausreichend für die Zeit erscheint, innerhalb welcher Ergänzungen ohne besondere Aufwendungen vorgenommen werden können. Selbstverständlich darf keine Geschäftsleitung so kleinlich sein, die Anschaffung von Materialien so einzuschränken, daß durch das Fehlen bzw. durch nicht rechtzeitigen Ersatz ausgegangener Quantitäten Stockungen eintreten.

Auf einer solchen Lageraufstellung sollte zunächst das Datum der Bestellung, dann das Quantum, schließlich die Sorte, das Format und, wenn es die Umstände erfordern, auch noch weitere Angaben verzeichnet stehen mit einer Hinzufügung, ob der Rohstoff zur Fabrikation noch in der Fabrik oder am Wohnort des Bestellers bei einem Spediteur eingelagert ist bzw. bei welchem. Das läßt sich ohne viel Schreiberei ganz leicht durch verabredete Zeichen, vielleicht durch Namensanfangsbuchstaben, bewerkstelligen. Die Lieferanten können die Ware nach deren Herausarbeitung in den meisten Fällen wegen Raummangel nicht bei sich behalten, sondern sind meist gezwungen, sie bei einem Spediteur am Wohnorte des Bestellers einzulagern. Dadurch gewinnen sie Raum für ihre anderen Erzeugnisse, und dem Abnehmer ist insofern gedient, als er bei Bedarf nur an den Fernsprecher zu gehen braucht, um vom Spediteur Zustellung der Ware zu verlangen.

Fertigstellungen herausgearbeiteter Papiere sollen von den Fabriken den Bestellern sogleich angezeigt werden und diese haben die Pflicht, solche auf den Lagerlisten zu vermerken, wodurch unnötige Anfragen über erfolgende Fertigstellung in der Anfertigung befindlicher Sorten überflüssig werden.

In der Zwischenzeit verfügte Ware sollte als abgeliefert in den stets auf dem laufenden zu haltenden Lageraufstellungen, welche vom Warenempfänger peinlichst in Ordnung gehalten werden sollen, zur Erreichung des Zweckes vorgemerkt und bei Auslieferung der Sendungen überhaupt auf der Liste gestrichen werden. Teillieferungen werden als solche durch Vermerk des gelieferten Quantums unter Beisetzung des Ablieferungsdatums bezeichnet, wodurch viel Zeit durch langes Nachsuchen erspart werden kann, weil dadurch das lästige und zeitraubende Durchsuchen der Rechnungen über bisher gelieferte Mengen vermieden wird.

Es kann vorkommen, daß es übersehen wird, einen inzwischen eingegangenen Posten abzustreichen, auf dessen Vorhandensein noch gerechnet wird, obwohl er in Wirklichkeit längst verarbeitet ist.

Durch das System der Lagerlistenzustellung wird solchen Überraschungen wirksam vorgebeugt, da jedesmal die neu eingehenden Listen mit der letztgültigen verglichen werden müssen.

Dadurch kommt man Versehen sehr schnell auf die Spur und hat zudem eine bequeme Übersicht, ob die gelieferten Mengen den bestellten unter Hinzurechnung der gesetzlich festgesetzten Grenzen für Schwankungen bei Sonderanfertigungen entsprechen.

Durch Prüfung der Aufnahme und der Aufstellungen der Lieferanten läßt sich für die mit der Disposition betrauten Personen ein klares Bild des Lagerbestandes schaffen und Verfügungen je nach Maßnahme mit unfehlbarer Sicherheit treffen. Wenn solche Überblicke planmäßig geschaffen werden, ergeben sich daraus Vorteile sowohl für den Verbraucher als auch für den Fabrikanten. Dieser wird unter Umständen 14 Tage bis 3 Wochen vorher von der Dringlichkeit dieser oder jener Sorten in Kenntnis gesetzt werden können und kann sein Bestes tun, um seinen Abnehmer durch prompte Lieferung zu befriedigen.

Eingehende Sendungen sind sofort auf die Beschaffenheit des Inhalts und Übereinstimmung der Faktura hin zu prüfen, um nicht nur den handelsgesetzlichen Vorschriften zu genügen, sondern um damit auch dem eigenen Betriebe zu dienen, da für beanstandete Ware eventuell Ersatz auf diese Weise noch vor Bedarf der Ware zu beschaffen sein dürfte, wenigstens in den meisten Fällen. Eine gewissenhafte Nachprüfung ist unbedingt notwendig, um sich vor Schaden zu bewahren. Sehr zweckmäßig ist bei Lieferantenrechnungen die Einführung eines Nachschlagebuches, welches Preise für alle Materialien enthält. Die Anlage eines solchen bzw. die Einrichtung desselben wird von den praktischen Erfahrungen der die Kontrolle ausübenden Personen abhängen. Nicht jedes System wird für diesen Zweck passen, sofern aus der Lageraufstellung noch nicht ersichtlich ist, daß die Ware fertig ist oder sich in Arbeit befindet.

Die Rechnungsnachprüfung für eingehende Sendungen sollte in der Weise erfolgen, daß von den Rechnungen Zeichen und Herkunft von der kaufmännischen Leitung aus in ein dazu bestimmtes Eingangskontrollbuch eingetragen und bei Einlauf der Sendungen das Ergebnis der Prüfung an 1. und 2. Wahl sowie eventuell das Gewicht von der mit dem Auspacken betrauten Person genau festgestellt wird. Eine gewissenhafte Nachprüfung ist unbedingt notwendig, um sich vor Schaden zu bewahren.

Die unabhängig von der Originalrechnung erfolgte Eintragung wird mit der Berechnung des Lieferanten verglichen, wobei Nichtübereinstimmen sehr schnell festgestellt und zur Kenntnis der maßgebenden Stelle zur Veranlassung des weiteren gebracht werden kann. Auf diese Weise ist es auch unmöglich, Rechnungen zur Zahlung anzuweisen, deren berechnetes Gut womöglich noch gar nicht einmal angeliefert ist. Die Faktura wird mit dem Prüfungsvermerk für die Richtigkeit der Berechnung für die Lieferung versehen, und dann erst ist sie zur Buchung anzuweisen. Um aber nicht nur für die Technik nutzbringend zu arbeiten, sondern auch den kaufmännischen Teil nicht zu vernachlässigen, wird sich eine möglichst weitgehende Nachprüfung empfehlen. Es wird ein Nachschlagebuch eingerichtet, in welches alle für den Betrieb verarbeiteten Sorten nach Datum der Bestellung, Art und Quantum des Stoffes unter Beifügung der Namen der Lieferanten eingetragen werden. Beisetzung des Preises schon in den Bestellscheinen erleichtert die Nachprüfung der Rechnungen bezüglich der Richtigkeit der in den Rechnungen angesetzten Preise. Etwaige Preisänderungen der Lieferanten müssen natürlich gewissenhaft sofort auch hier vorgenommen werden, andernfalls die Einrichtung wertlos ist, und derartige Anzeigen sollen nicht nur »zur gefl. Kenntnis« der Personen dienen, welche sie schwarz auf weiß in der Ankündigung stehen sehen, die dann mit dem üblichen Vermerk als erledigt versehen die Briefablage füllen hilft.

Aus dem Kontrollbuch werden die endgültig gelieferten, d. h. der einwandfreien wie der mit geringen Fehlern behafteten unter Preisnachlaß gelieferten immer aber noch bedingt verwendungsfähigen Warenmengen von 1. und 2. Wahl übertragen, ebenfalls stets unter Beisetzung des Tagesdatums der Lieferung.

Aus diesen Andeutungen ergibt sich mit Deutlichkeit die Notwendigkeit zur Führung notwendiger Hilfsbücher, ohne die es keine Organisation im Fabrikbetrieb für Warenerzeugung gibt.

Nur dann, wenn Hersteller und Verbraucher Hand in Hand gehen, wird sich eine angenehme Geschäftsverbindung schaffen lassen. Das sollten Fabrikant und Lieferant im eigensten Interesse beachten!

Sorte	Format	Lieferant	in	Abschluß erfolgt	geliefert am	berechn. am	Preis	
							RM.	Pfg.

Materiallieferungs- und Berechnungs-Kontrollbuch.

Lagerbestandsliste

für die Firma: in Datum:

Sorte	Format	bestellt am	fertiggest. Menge	abgeliefert an	am	Bemerkungen
Holzfrei	61×86	10. 1. 38	20000 Bg.			mit 40 % ungebl. Cellulose
mittelfein	86×112	5. 1. 38	30000 „			wie am 10. 12. 37 gehabt

Vordruck einer Lagerbestandsliste.

Das Platten- und Stempelbuch, ein Hilfsmittel zur Betriebsorganisation

Wie der Kaufmann sich über seine Geschäftsvorgänge in seinen Büchern jederzeit Einblick verschaffen kann, so gibt es in den verschiedenen Industriezweigen der Papierverarbeitung gewisse Besonderheiten, die aus der eigenen Praxis heraus entstanden sind und dank

Datum der Bestandsaufnahme	Sortenbezeichnung	Gewicht	Format	Lieferant	Menge	Sortenbezeichnung	Format	Lieferant
17. Jan. 1937	Kunstdruck	90 gr.	70×100	M & Co.				

Wöchentliche Bestandsaufnahmeliste (zum Aushang bestimmt).

PAPIERSORTE: ....

Datum der Aufnahme	Format	Gewicht (gr.)	Vorräte zur Verfügung		Ballen-Nummern bei Sped. Lagerung	Eingelagert bei Spediteur	Verwendungszweck	In Auftrag gegebene Neuanfertigungen	Bemerkungen
			auf Hauslager	auf Speditions- oder Lieferantenlager					

Vordruck einer Papierbestands-Auskunftsliste.

Zu empfehlen ist die Benutzung von Karteikarten, und zwar für jede Lagersorte getrennt.

ihrer Zweckmäßigkeit dazu dienen können, den Überblick über die vorhandenen Arbeitsmittel zu erleichtern. Eine solche organisatorische Maßnahme, wie sie in Betrieben mit umfangreicher Prägeeinrichtung anzutreffen sein sollte, ist das *Platten- und Stempelbuch*. Es dient dazu, über Vorhandensein, Zweck, Beschaffenheit usw. des Plattenmaterials jederzeit Aufschluß zu geben.

Um von Anfang an eine Übersicht zu gewinnen, welchen Bestand der Betrieb an Plattenmaterial für Prägezwecke hat — die wohl am meisten Anwendung findende Technik —, sei die Einrichtung und Führung eines Plattenbuches empfohlen. In dieses Buch wird jeder neuangeschaffte Stempel unter entsprechender laufender Nummer eingetragen, wobei die Art desselben, Material, Herstellungspreis, Verwendungszweck und Datum der Herstellung beigeschrieben wird. Sonstige Bemerkungen sollen in das Belieben oder das Erfordernis des Geschäftsbetriebes gestellt werden. Gut ist es, um die Art des Stempels sofort erkennen zu können, eine kleine Skizze an Stelle der Bezeichnung zu setzen, weil durch das Betrachten solcher Kopien des Stempels dessen Verwendungszweck bedeutend besser in die Erinnerung gerufen wird.

Diese Einrichtung soll aber nicht jene Forderung ausschließen, von jedem Stempel sofort nach Einreihen in den Bestand einen negativen (schwarzen) Abdruck zu machen, sofern es sich um Reliefstempel handelt, andernfalls werden die positiven Abzüge den gleichen Zweck erfüllen. Die Hauptsache ist, daß man sofort erkennt, welchem Zweck der Stempel dienen soll.

Solche Abzüge sollen nun nicht nur aufgepappt werden und als Wandschmuck dienen, sondern ihre Verwendbarkeit läßt sich beträchtlich brauchbarer gestalten. Es hat sich in der Praxis bewährt, zum Zwecke des schnellen und zuverlässigen Auffindens Bücher anzulegen, in welche die Abdrücke mit den entsprechenden Nummern versehen eingeklebt werden, ähnlich wie in dem erwähnten Verzeichnis im Plattenbuch. Durch die Benutzung von Registerbüchern wird das Auffinden bestimmter Textstempel gleichfalls gefördert. Da das alphabetische, sogenannte kaufmännische Register für diesen Zweck als verfehlt zu betrachten wäre, muß es den besonderen Zwecken angepaßt werden, vielleicht durch Hinterkleben der Blätter mit Täfelchen, die einen entsprechenden Ausweis über den Inhalt der Seiten geben, wie beispielsweise »Glückwunschkartentexte deutsch, englisch, spanisch usw.« Den gleichen Zweck wird man schließlich auch erreichen, wenn die Matrizen ebenfalls in kleinen, mit Aufschrift versehenen Kartons verstaut in Fächern aufbewahrt werden. Dies aber ist insofern umständlich, als doch stets erst der Inhalt eines solchen Kartons aussortiert werden müßte, während fest aufgeklebte Abdrucke die Übersicht und das Auffinden des eingereihten Stempels erleichtern.

Derartige Bücher sollten stets in mehreren Exemplaren hergerichtet werden. Eins davon muß an der Zentralstelle zu finden sein, um eine schnelle Auswahl treffen zu können. Ein Duplikatbuch, dessen Einrichtung dem Original in jeder Weise gleichkommt, sollte in den Abteilungen anzutreffen sein, welche die Stempel benötigen. Im Falle einer Bestellung braucht dann nur die Stempelnummer angegeben zu werden, um die Arbeit aufnehmen zu können.

Natürlich muß im Falle der Erweiterung der Kollektion aurch neue Stempel die Sammlung sofort ergänzt werden, weil die sonst ungemein praktische Einrichtung durch die lückenhafte Durchführung nur illusorisch würde. Wir werden nun zu der Behandlung der Stempel übergehen und mit den Monogrammprägestempeln beginnen.

Vom Standpunkte des ordentlichen Fabrikanten betrachtet ist es zu empfehlen, bei jedem Stempel dessen laufende Nummer an der Vorderseite eingravieren zu lassen, sofern er räumlich beschränkt ist. Bei großen Platten ist das weniger ratsam, weil das Auffinden der kleinen Nummern nicht so einfach ist. Da hilft man sich, indem man die Plattennummern am besten mit einer roten — besonders wenn man die lokalen Verhältnisse, schlechte Beleuchtung u. a. in Betracht zieht —, jedenfalls aber leuchtenden Farbe an die Frontseite schreibt, wodurch ein Aufsuchen der Platten in den Regalen, die als Aufbewahrungsort dienen, bei der Instandhaltung der Lagerbücher in der Regel sehr gefördert wird. Dieses mehr technische schließt nicht das kaufmännische Hilfsmittel aus, für den Praktiker ein Buch anzulegen, das die Nummer des Stempels, Material, Bezeichnung des Postens, Datum der Bestellung und Lieferung sowie den Preis enthält. Ein derartiges Buch ist als Nachschlagewerk zur Unterstützung der Arbeiten des kaufmännischen und technischen Personals unumgänglich notwendig.

Um nun hieraus auch praktischen Nutzen ziehen zu können, sollte man die Matrize ebenfalls durch eine gleiche Aufschrift für ein bequemes Aufsuchen kenntlich machen. Von jedem Stempel sollte möglichst eine angeprägte Kontur (wo diese nicht vorhanden, ein Andruck, im äußersten Falle dürfte auch ein bereits geprägtes Muster genügen), in ein dazu bestimmtes Buch eingeklebt werden, dessen Einrichtung wesentlich einfacher sein kann, als wie wir es für die Aufnahme der Abdrücke von Textstempeln verlangen müssen, um bei Bedarf stets die gesuchte Auskunft darin finden zu können. Bei Monogrammstempeln wird zur Not auch eine Hammerskizze genügen, um etwa verlangte Stempel an Hand der Aufzeichnungen unmittelbar auffinden zu können.

In den soeben beschriebenen Sammelmappen sollte neben der Stempelnummer auch die aus der dazugehörigen Kontur ersichtliche Arbeitsnummer angegeben werden, weil dies das Auffinden von Nummern aus älteren Jahrgängen ungemein fördert. Sofern Warennummern bereits vorhanden sind, sollten auch diese neben der Angabe des betreffenden Jahrganges vermerkt werden. Es wird sich das in der Papierverarbeitung als eine große Erleichterung bemerkbar machen. Mit kaufmännischer Promptheit durchgeführt, wird sich diese Einrichtung für jedes Unternehmen, das sich mit der Herstellung von Prägungen befaßt, als eine Wohltat erweisen.

Im Falle des Abschleifens einer Platte ist es wünschenswert, das betreffende Datum möglichst groß und mit Farbstift einzuschreiben, damit keine Zweifel bestehen können, daß die Platte nicht mehr vorhanden ist. Wo jegliche Weiterverwendung trotz aller Zurichtung aussichtslos ist, wird wenigstens immer noch der reine Wert des Metalls zu erlösen sein. Auch finden sich hie und da einmal Liebhaber für derartige ausgediente Stücke, welche ganze Restbestände aufkaufen. Ob die nicht mehr verwendbaren Platten als Altmetall verkauft oder abgehobelt und neu graviert werden, hängt wohl ausschließlich von der Abnutzung bzw. der augenblicklichen Stärke der Prägeplatten ab, die nicht selten wieder neuen Zwecken zugeführt werden und einmal doch dem Los nicht entrinnen, »ausgedient« zu haben.

Die Vorbereitungen zum Zwecke des Abhobelns der Prägeplatten müssen mit besonderer Sorgfalt getroffen werden, um sich vor unliebsamen Enttäuschungen zu schützen, welche darin gipfeln, daß sich mehr oder minder große Warenbestände noch auf Lager befinden, die, wenn auch älteren Datums, sich schließlich in irgendwelcher Form abstoßen ließen, wenn die Platten noch vorhanden wären. Es ist zur Genüge bekannt, daß die weitaus meisten Luxusartikel, insbesondere Reliefplakate, Wandtaschen, Kalender, Rückwände, auf die Ausschmückung durch Reliefprägung zugeschnitten sind.

Um sich nun vor unliebsamen Enttäuschungen zu schützen, sollten zunächst von allen in Frage kommenden Nummern die Konturen, Andrücke oder Muster herausgelegt werden. Dann sollte eine Aufnahme des Lagerbestandes erfolgen, die hinter die zum Abschleifen bestimmte Nummer in ein eigens dazu bestimmtes Buch oder Liste eingesetzt wird. Von diesem Bestand sollte es, unter Einsichtnahme der letzten Verkaufsstatistiken, abhängig gemacht werden, ob die Platten endgültig ausgeschaltet werden sollen oder nicht. Im ersteren Falle muß in das soeben erwähnte Kontrollbuch das Datum eingesetzt werden, an welchem die Platte außer Kurs gesetzt wurde. Auf diese Weise — wenn die Aufnahme gewissenhaft gemacht wurde — wird sich so manche nachträgliche Überraschung vermeiden lassen.

Als ein Hilfsmittel zur Erleichterung in der Herausarbeitung gewisser Warengattungen, die auf dem Wege der Monogramm- und Tiefprägung hergestellt werden, empfiehlt sich die Anlage eines sogenannten Blockbuches. Von allen Stempelblöcken werden genaue Anprägungen gemacht, und zwar nur in solcher Größe, wie sie die Veranschaulichung der ganzen Stempelgröße bedingt. Unnötiges Fleisch an den Seiten wird direkt an der Prägung weggeschnitten und auf den Stempelabdruck dessen Nummer gesetzt. In ein nicht zu kleines, immerhin aber handliches Buch werden diese Abdrücke geklebt und darunter genügend Schreibraum gelassen. Dieser wird in der Weise benutzt, daß zunächst am Kopfe die Warennummer verzeichnet wird. Dann werden je nach dem Eingang der Aufträge die Endziffern der zu arbeitenden Posten eingesetzt unter Beifügung der Ordernummern. Daneben werden die zur Fabrikation mit dem betreffenden Stempel aufgegebenen Posten eingetragen. Ein Abschreiben der aus den Arbeitsräumen zurückempfangenen, fertig gearbeiteten Waren unter Beisetzung des Tagesdatums der Ablieferung ermöglicht eine unfehlbare Übersicht, welche

Aufträge aus aufgearbeitetem Material erledigt werden können und was noch der Heranarbeitung bedarf.

Dies ist zugleich ein zweckmäßiges Mittel, um sich ein Bild über die Belastung derartiger Betriebe zu schaffen. Durch ein Abschließen und Vortragen der gearbeiteten und zu arbeitenden Posten kann man, wenn man die jeweilige festgesetzte Arbeiterzahl zur Hand hat, leicht berechnen, auf wie lange Zeit der Betrieb beschäftigt ist. Dadurch läßt sich ein zweckdienliches Mittel zur sachgemäßen Disposition in bezug auf Einteilung der Arbeit schaffen. Es sollte niemals an verkehrter Stelle gespart werden. Wenn der eine oder andere Verlagsartikel zu einem Schlager zu werden verspricht, so sollte möglichst bald eine Verdoppelung oder noch weitere Erhöhung des Plattenmaterials vorgenommen werden, um den gestellten Anforderungen bezüglich prompter und schneller Ablieferung der Ware Rechnung tragen zu können.

Pflegliche Behandlung und Aufbewahrung von Stanzschnitten und Prägeplatten

Die Schonung wird durch sachgemäße Arbeitsweise beim Stanzen erreicht. Zur Unterlage beim Stanzen bedient man sich entweder eines durch Eisenbänder zusammengehaltenen Holzklotzes (Hirnholz) oder einer Weichbleiplatte oder schließlich sogenannter »Steinpappe«, die auch Stanzpappe genannt wird. Es ist dies eine außerordentlich harte Pappe, die in unterschiedlichen Stärken geliefert wird und die sich zu gedachtem Zweck sehr gut bewährt hat. Ihr Preis ist zwar etwas hoch, doch macht er sich durch die Ausdauer dieses Materials beim Stanzen wieder bezahlt.

Damit nun ein mäßiger Verbrauch der Unterlage sowohl als auch eine Schonung des Schnittes erzielt werden, muß die Stanzmaschine so eingestellt oder betätigt werden, daß die Schnitte nicht zu tief in das Material eindringen. Denn je tiefer der Schnitt eindringt, um so eher wird er stumpf, die Unterlage durchschnitten und die Pappe zum ferneren Gebrauch unmöglich. Auch kann der Fall eintreten, daß der Schnitt ausbricht und die Arbeit des Stanzens unterbrochen werden muß, wodurch sich die Ablieferung verzögert, und womöglich in unliebsamer Weise, wenn der Schnitt zur Reparatur nach außerhalb gegeben werden muß.

Damit der Schnitt leichter durch das auszustanzende Material dringt, wird er während des Stanzens öfters mit trockener Kernseife eingerieben. Bei solchen Sachen, die weniger empfindlich sind, wie Tonnen, Kisten und Blechdosen sowie Packungsetiketten, kann man den Schnitt auch mit einem sauberen Öllappen einreiben, was beim Stanzen die gleichen guten Dienste verrichtet. Außerdem fallen auch die ausgestanzten Teile leichter aus dem Schnitt heraus, was die ganze Arbeitsweise beschleunigt. Letzteres wird durch die Form des Schnittes und die Stärke der Stanzlagen erheblich beeinflußt. Wie stark die Lagen beim Stanzen genommen werden können, wird sich nach einigem Probieren bald zeigen. Bei reichgeformten Schnitten müssen sie meist schwächer zur Anwendung kommen. Im allgemeinen müssen die Schnitte nach oben mäßig auseinander streben, die Schneide nicht zu dünn und nach außen angeschliffen sein. Gute Schnittbauer geben dem Schnitt schon die zweckmäßigen Formen, die für seine Haltbarkeit wichtig sind, wenn man ihnen einen Bogen des auszustanzenden Materials einsendet, aus dem sie ersehen können, in welcher Art und Dichte die einzelnen Nutzen zusammenstehen. Denn dies ist wichtig, um einerseits entsprechend dicke Lagen beim Stanzen nehmen zu können, ohne daß die danebenstehenden Nutzen beschädigt werden.

Die Schnitte selbst werden zweckmäßig an einem Wandbrett aufgehängt, mit der Schnittseite nach dem Brett gekehrt. Wo viele Schnitte vorhanden sind, trägt man sie unter Beiklebung eines Musters in ein besonderes Buch ein, gibt ihnen je eine Nummer, die man beim Schnittmacher gleich mit in den Schnitt selbst einschlagen lassen kann. So ist eine rasche Bezeichnung auf den Arbeitszetteln jederzeit möglich.

Die Stanzwerkzeuge sollten, ebenso wie deren Unterlagen, von Zeit zu Zeit mit trockener Kernseife eingerieben oder in heißes Stearin getaucht werden, damit die Eisen vor Rost geschützt sind und beim Gebrauch besser durch das Material dringen. Nach Gebrauch ölt man die Eisen leicht ein. Um Staubansätze zu vermeiden, wickelt man sie in Papier und klebt ein mit dem Eisen ausgestanztes Blatt darauf, auf das natürlich die betreffende Nummer verzeichnet werden muß. Da von Stanzmessern meistens ganze Sätze angeschafft werden, tut man gut, diese zusammen in je einem Karton aufzubewahren. Die einzelnen Stücke müssen selbstredend numeriert sein, der Inhalt jeder Schachtel ist auf ihrer Außenseite kenntlich zu machen. Das Auffinden des jeweils benötigten Schnittes ergibt sich dann aus dem Musterbuch unter Berücksichtigung der nachstehend gegebenen Hinweise für dessen Einrichtung.

In größeren Papierverarbeitungsbetrieben, wo viele Ausschlag- und Stanzwerkzeuge vorhanden sind, fehlt es nicht selten an der nötigen Übersicht, weil die Aufbewahrung der Werkzeuge jeder Ordnung entbehrt.

Um Zeitverluste zu vermeiden, müssen Stanzschnitte usw. übersichtlich nach Form, Zweck und Größe gruppiert werden. Man lege hierfür ein oder mehrere Bücher an, in welche man Ausschnitte aus farbigem Papier von jedem vorhandenen Schnittwerkzeug einklebt. Zur Erleichterung der Übersicht teilt man die Werkzeuge in Gruppen ein, z. B. Stanzschnitte für Etiketten, Beutel, Schilder, Kartonagen, Briefumschläge usw. Etikettenstanzschnitte versieht man mit den laufenden Nummern von z. B. 1 bis 99, Beutelschnitte von 201 bis 299, so daß also jede Gruppe möglichst andere Hunderte erhält. Im Buch selbst, welches das eigentliche Verzeichnis der Schnitte bildet, wird bei jedem einzelnen Schnitt hinzugefügt, zu welchen Arbeiten er bisher gedient hat oder bestimmt ist, z. B. Schnitt Nr. 72, Löwenbräu, München.

Das Gruppenzeichen und die laufende Nummer werden am besten auf zähen Manilakarton gedruckt und an den Schnittwerkzeugen mittels Bindfaden befestigt, so daß sie nun in regelrechter Folge aufbewahrt werden können. Dies geschieht am praktischsten durch Aufhängen an größeren Wandbrettern, falls nicht besondere Vorratsschränke zur Verfügung stehen. Jedes Brett oder jeder Schrank trägt deutlich die Bezeichnung der Gruppe, die dort Platz gefunden hat, sowie die Nummern. Die Schnüre, welche die Nummern des Werkzeuges tragen, werden so geknüpft, daß man sie nur um das Werkzeug herumzuschlingen braucht. Ist das Werkzeug in Gebrauch, so hängt seine Nummer am Aufbewahrungsbrett, in großen Fabriken mit einem Vermerk darüber, wo der Schnitt in Gebrauch ist. Wird ein Werkzeug zum Schleifen geschickt, so wird ebenfalls ein entsprechender Vermerk auf einen Zettel gemacht, welchen man am Werkzeugbrett an der betreffenden Stelle befestigt hat, bis der Schnitt zurückkommt.

Solche Werkzeugbretter oder Schränke bringe man nur an trockenen Stellen der Werkstatt an, die im Winter geheizt werden. Wischt man die Schnitte alle Vierteljahre einmal mit einem Öllappen ab, so ist das dem Werkzeug von Vorteil.

Die Aufbewahrung der Prägestempel. — Wie jedes Material eine besondere Behandlung verlangt, um gegen Verderben geschützt zu sein, so trifft dies auch für das Stempel- und Plattenmaterial zu, welches allerdings gegen äußere Einflüsse weniger empfindlich ist, als es vielleicht flüssige Stoffe oder solche sind, deren Form als leicht zerbrechlich bezeichnet werden kann.

Die Prägestempel können zu den verschiedensten Zwecken hergerichtet werden, zu Heiß-, Monogramm-, Reliefprägedruck usw. Wir wollen uns im Rahmen dieser Abhandlungen einmal über das Wesen derselben des näheren verbreiten.

Die Einrichtung jeder Prägeanstalt ist oft mit bedeutenden Kosten verbunden, nicht nur in den maschinellen Einrichtungen, sondern auch in dem Anschaffen des erforderlichen Plattenmaterials steckt ein beträchtliches Kapital, je nach dem Umfang des Betriebes. Besonders kostspielig ist die Anschaffung der Stempel mit den eigentlichen Monogrammen für Briefpapiere aller Art in alphabetischer Reihenfolge oder sonstigen Verwendungen.

Wenn man bedenkt, daß bei Bestellungen jeder Buchstabe verschlungen oder zusammengefügt sich mit dem einzelnen Buchstaben des 25 Zeichen umfassenden Alphabetes wiederholen könnte, und zur Auswahl doch mindestens vier bis fünf verschiedene Schriftarten oder Größen am Lager sein müssen, so kann man sich einen ungefähren Begriff davon machen, welche Aufwendungen zu der Anlage solcher Utensilien erforderlich sind.

Es wird nun nicht gerade notwendig sein, jeden Auftrag eines Kunden sogleich aus vorhandenem Lagermaterial zu erledigen. Je nach Wunsch und Geschmack des Kunden wird man einen Prägestempel extra anfertigen lassen. Da man dem Kunden vor Ausführung der Gravur eine Pause oder Skizze zur Genehmigung vorlegen wird, so hat diese Einrichtung noch den Vorteil, daß etwa noch nachträglich geäußerte Wünsche des Bestellers rechtzeitig berücksichtigt werden können.

Mit der Zeit wird sich eine ganze Reihe solcher Bestellungen anhäufen, und man kann es dem praktischen Geschäftsmann nicht verargen, wenn er alle Vorteile gelten läßt und die Kosten der Gravur auf das Konto des Bestellers schreibt.

Prägeplatten für Monogrammzwecke bestehen am vorteilhaftesten aus Messing, weil diese Legierung aus Kupfer und Zink dem Meißel des Graveurs am besten nachgibt. Prägeplatten mit Schneidelinien sind in Stahl herzustellen, ohne solche auch in Rotguß. Stahlplatten müssen eine durchschnittliche Stärke von 22 mm haben, Rotgußplatten können schwächer sein.

Behandlung der Stempel während des Prägens. Bevor das zu prägende Papier auf die Platte gelegt wird, muß diese mittels einer kräftigen, dichtborstigen Bürste, welche zuvor in Talkum gedrückt oder über eine ölgetränkte Pappe gestrichen wurde, mehrmals überfahren werden, um das Anhaften etwaiger feuchter Stellen zu verhindern. Wird das Papier nur reliefgeprägt, so besteht die Arbeit nur aus dem Auflegen des Papiers entweder nach vorgezeichneter Linie oder über Punkturnadeln. Hiernach wird die Matrize mit den Stiften in die Führungslöcher eingeführt, und nun erfolgt der Druck. Reliefplatten und Schneidelinien sind in gleicher Weise zu behandeln, nur ist nach dem Auflegen des Papiers eine Stanzpappe daraufzulegen, und dann Druck zu geben, um zunächst das Papier zu durchschneiden.

Nach Abheben der Stanzplatte ist der äußere Papierabfall sorgsam zu entfernen und dann die Matrizenplatte aufzulegen. Größere, ausgeschnittene Teile lassen sich leicht von der Platte abheben, kleinere Teile haften jedoch fest und müssen, soweit sie der Ausbürstung widerstehen, mit der Ahle ausgehoben werden.

Wenn feine Konturstempel sich während des Prägens vollsetzen, lassen sie sich reinigen, indem man sie noch in der heißen Presse mit Salmiakgeist ausbürstet. Nach Gebrauch werden die Platten von aller anhaftenden Farbe durch Auswischen mittels Seidenpapier gereinigt, nötigenfalls unter Zusatz von etwas Terpentin.

Nach dem Gebrauch legt man die meist kleinen Platten in staubdichte Stempelschränke ab, die flaches Auslegen der Stempel auf Schiebebrettern ermöglichen. Zum Zwecke der Übersicht geben Tafeln den Inhalt der Lagen an. Das Übereinanderschichten der Stempel muß vermieden werden, weil diese sonst leicht zerscheuert werden und entwertet würden. Für Flachdruckstempel, wie sie zur Herstellung von Heißdruckarbeiten auf der Kniehebelpresse benötigt werden, sollten zusammenhängende Sätze vermieden und nötigenfalls die Stempel auseinandergeschnitten werden. So lassen sich viele Verbindungen schaffen und Sonderanfertigen von Stempeln häufig vermeiden.

Nach jedesmaligem Gebrauch sind auch diese Stempel, die aus Messing oder Rotguß bestehen, vor dem Ablegen zu säubern. Schrift und Prägestempel kann man nach Benutzung in eine Lösung von kaustischer Soda und warmem Wasser legen und über Nacht darin liegen lassen. Die scharf ätzende Lösung wird dann fortgegossen. (Bei der Berührung mit den Händen ist jedoch Vorsicht geboten wegen der Giftigkeit der Lösung.) Nun gießt man wiederholt warmes Wasser über die Stempel, reinigt sie vollends mit einer harten Bürste und trocknet sie gut.

Die Räume, in welchen Stempel aufbewahrt werden, dürfen nicht feucht sein, weil die Metalle sonst oxydieren. Der durch diese chemische Zersetzung entstehende Rost greift die Stempel ungemein an, besonders rasch werden dadurch kleine, zarte Gravuren beschädigt. Das Reinigen der Stempel mit Terpentin soll zwar dem Übel steuern, da jegliche Schmutzansätze entfernt werden, doch müssen die Stempel dann auch sehr gut getrocknet werden, weil sich andererseits gerade durch die Feuchtigkeit Oxyd ansetzt und somit das Gegenteil von dem erreicht wird, was man erzielen wollte.

Das trifft auch für die Buchdruckklischees zu, welche am besten vermittelst Kreosot vor Schaden zu bewahren sind. Dieses Mittel entfernt jeden Schmutz, und zudem schützt es die Fläche vor Verrosten und Schimmelbildung. Oxydflecke auf Zinkklischees sind auf leichte Weise dadurch zu entfernen, daß sie mittels eines nicht zu weichen Radiergummis tüchtig abgerieben werden. Die im Gummi befindlichen Sand- bzw. Glasteilchen bewirken, ähnlich wie beim Schmirgelpapier, die Abnahme der Oxydflecke, ohne daß die Zeichnung beschädigt wird, während bei Benutzung von Schmirgelpapier oder Schmirgelleinen die Zeichnung leidet; dessen Benutzung erfordert große Vorsicht und Verständnis. Der Radiergummi dringt bei seiner Elastizität auch zwischen die Striche der Zeichnung, entfernt sämtliches Oxyd, ohne eine Beschädigung herbeizuführen. Es ist ferner stets zur Pflicht zu machen, die Stücke nach Gebrauch mittels Vaseline einzufetten.

Wer seiner Sache nicht ganz sicher ist, daß die Lagerräume auch genügend ausgetrocknet sind, der tauche die Stempel und Platten in heißgemachtes Stearin, um sie vor Oxyd und Rost zu schützen. Gegen das Eindringen von Fett wird die auf dem Stempel eingepaßte Matrize durch Zwischenlage eines Blattes Pergamentpapier geschützt.

Große Stahlstempel werden in Regalen aufbewahrt, wodurch die Gravur gegen äußere Einflüsse geschützt ist. Sie können, falls die Bretter stark genug sind, zu mehreren Exemplaren übereinandergeschichtet werden. Etwaige Folgen äußerer Einflüsse lassen sich häufig durch Abreiben mit Sandpapier beseitigen.

Sind die Lagerräume nicht völlig trocken, so überziehe man die Platten leicht mit Vaseline. Gegen das Einfetten wird die auf dem Stempel eingepaßte Matrize durch Zwischenlegen eines Blattes Pergamentpapier geschützt. Die Oxydation der Metallprägeplatten aus Zink, Messing, Kupfer usw. macht sicht selbst schon nach kurzer Zeit bei ganz neuen Platten, Schriften und dergleichen in der Art bemerkbar, daß sich der schöne Glanz und die Glätte verliert, so daß zum Beispiel beim Prägen auf Gold kein besonderer Hochglanz mehr erzielt wird.

Kommt das neue oder schon gebrauchte Prägematerial in feuchte Lagerräume oder in Kästen von nicht ganz ausgetrocknetem Holz, dann oxydiert das Metall in kürzester Zeit. Nicht ganz säurefreie Farben oder zu prägende Stoffe, Papier usw. verursachen mit der Zeit ebenfalls das Oxydieren, ja selbst säurehaltige oder unreine Dämpfe, feuchte Luft und Dünste sind gleichfalls nachteilig, weshalb solche Arbeitsräume sich als ungeeignet zur Aufstellung von Prägemaschinen oder zum Lagern des Prägematerials erweisen.

Als Konservierungsmittel der Platten dient die gelbe Vaseline. Die weiße und gebleichte Vaseline ist deshalb unbrauchbar, weil sie vermittelst Schwefelsäure gebleicht wurde und noch geringe Spuren der Säure vorhanden sind, die dann das Metall angreifen, d. h. Oxyd hervorbringen. Gelbe Vaseline wird mit soviel Paraffin vermischt, daß eine leichte streichbare Paste entsteht, mit welcher die Platten ganz mager eingerieben werden. Es genügt ein Hauch, um eine ausreichende Schutzschicht zu erhalten. Alte und neue Platten sind mit diesem Mittel zu schützen. Man entfernt es durch Abreiben mit einem weichen reinen Tuche, welches mit etwas Terpentinöl oder Petroleum befeuchtet ist.

Gebrauchte Platten müssen vor dem Bestreichen von anhaftenden Papier-, Leim- oder Goldteilchen befreit werden, weil sich unter solchen Verunreinigungen das Oxydieren einstellt. Während auf kleine Stempel die Nummer an irgendeiner Seite eingraviert wird, schreibt man auf große Platten die Plattennummern mit roter oder anderer leuchtender Farbe an die Stirnseite, um ihr Auffinden zu erleichtern. Ähnlich sind die Matrizen kenntlich zu machen und aufzubewahren. Das über Aufbewahrung der Stempel Gesagte gilt auch für das Stanzmaterial.

Ausschalten unbrauchbarer Platten. Platten, deren Weiterverwendung trotz bester Zurichtung unmöglich ist, werden als Altmetall verkauft. Wenn es jedoch die Stärke der Platten erlaubt, so ist es zweckmäßig, sie abzuhobeln und zur Wiederverwendung geeignet zu machen. Bevor man aber eine Prägeplatte ausschaltet, prüfe man genau, ob sich nicht halbfertige Warenbestände auf Lager befinden, die ohne diese Platte nicht fertiggestellt werden können.

PAPIERTECHNISCHER TEIL

Papier unterwegs

Ein lehrreiches Kapitel für Hersteller und Verbraucher

Im allgemeinen wird sich bei einem normalen Verbrauch von Papier der Verkehr mit dem Papierlieferanten an Ort des Bestellers in der Weise abwickeln, daß jede angeforderte Menge in Ballen oder losen Paketen dem Besteller angeliefert wird.

Anders aber verhält es sich bei den Großverbrauchern, die Tausende von Bogen bzw. ganze Anfertigungen übernehmen, um daraus ihren jeweiligen Bedarf für eine bestimmte Zeit zu decken.

Diesen Verkehr zwischen Hersteller und Verbraucher mit seinen Vorzügen und Nachteilen will ich hier behandeln.

Ein wichtiger Abschnitt in der Behandlung des fertiggestellten Papiers ist der Versand und die Behandlung der fertigen Erzeugnisse. Leider wird hierbei viel gesündigt. Gerade dem Versand muß jene Sorgfalt zuteil werden, die für einen ordentlichen Kaufmann bezeichnend ist. Aber Fleiß und alle Mühe sind zuweilen vergebens, wenn man nicht bis zum Augenblick des Verladens die Augen am richtigen Fleck hat.

Es ist eine falsche Spartheorie, in ein Paket möglichst viele Bogen zu packen, ohne Kniffe in die Lagen zu bekommen.

Wenn die Herren Fabrikanten einmal Gelegenheit hätten, zu sehen, mit welchen Schwierigkeiten der Transport großer Pakete (womöglich noch in außergewöhnlichen Formaten) verbunden ist, würden sie schließlich gangbarere Wege einschlagen. Von kleineren Formaten sollten nur 125—150 Bogen zu einem Paket vereint werden. Bei zu großem Inhalt tragen die Pakete zu sehr auf und wiegen auch zu schwer.

Kisten mit Papieren müssen, wenn flachliegende Lagerung nicht angängig, bei der Einlagerung unbedingt so gestellt werden, daß sie nach einer Schmalseite hin reichlich freien Raum vor sich haben. Dadurch erreicht man, daß das Papier sich besser dehnen kann und sich nicht wirft. Beim Auspacken wird der Deckel gelockert, mit einem Strick mit der Kiste verbunden und diese in halbkreisförmigem Bogen zur

Erde bewegt. Hierauf wird diese vorsichtig umgestürzt, so daß der Deckel auf den Boden zu liegen kommt; durch das Umbinden wird dem Herausfallen vorgebeugt. Dann hebt man die Kiste vorsichtig ab. Auf diese Weise können selbst ungeübte Leute Papier auspacken, ohne daß es leidet. Große gefüllte Kisten sollen stets flach vom Wagen abgehoben werden. Das sollte den Leuten eingeschärft werden, die für richtige Ablieferung der Ware verantwortlich sind.

Das Auspacken von Papiersendungen ist auch eine Arbeitsleistung, die verstanden sein will. Sie setzt gewisse Sorgfalt allerdings schon beim Absender der Ware voraus, sollen nicht gleich nach Eintreffen einer Sendung die Beanstandungen losgehen. Die äußere Beschaffenheit des Verpackungsmaterials auf besonders augenscheinliche Schäden wird, soweit es sich um geschlossene Kistensendungen handelt, am wenigsten Anlaß zu Verärgerungen geben.

Der Inhalt an den Ecken des Papiers ist häufig beschädigt. Ist nun der Beschnitt noch etwas knapp, so können leicht recht unliebsame Papierverluste entstehen. Das wird am häufigsten bei der Ballenpackung vorkommen. Diese werden der Einfachheit halber meist gekantet, zuweilen auch recht unsanft vom Stoßkarren auf die Kante abgesetzt, so daß das ganze Schwergewicht auf einer Stelle ruht. Warum versieht man nicht bei der Ballenverpackung auch die Ecken mit einem Lattenschutz und klebt an den Ballen einen Zettel: »Vorsicht beim Entladen, Ecken und Kanten schonen!«

Der Spediteur wird sich Beanstandungen solcher Art einfach abwälzen und mit Recht auf den Absender verweisen, der seine gegen allzu heftiges Stoßen empfindliche Ware sachgemäß verpacken sollte, um sie vor Beschädigung und sich selbst vor etwaigem Schaden zu bewahren.

Auch vor Wetterschäden ist eine Papiersendnug zu schützen durch Aufkleben auffallender, möglichst roter Zettel: »Inhalt *Papier*, das vor Nässe unbedingt geschützt werden muß«. Das wissen offenbar sehr viele Spediteure noch nicht, daß Papier gegen Nässe empfindlich ist; darum sollte bei trübem, feuchtem Wetter auch die Sendung auf dem Wagen immer zugedeckt werden.

Über eine neue Methode der Papierballen-Verpackung schreibt die »Zeitschrift für Deutschlands Buchdrucker« im November 1936:

»Die *Titaghur Paper Mills* in Britisch-Indien wendet seit einiger Zeit eine neue Art der Verpackung von Papierballen an, die der Gefahr des Welligwerdens der verpackten Papiere entgegenwirken soll, wie sie bisher bei den mittels Bandeisen stark zusammengepreßten Riesen verursacht werden kann. Es werden zum Einschlagen der Riese drei dicke Lagen dickes Packpapier verwendet, deren Enden lediglich durch breite, gummierte Papierstreifen, die auf einer besonderen Maschine hergestellt werden, verklebt und miteinander fest verbunden werden. Es werden also keine Bandeisen wie bisher verwendet, wodurch verhindert wird, daß sich an den Kanten der verpackten Riese irgendwelche, durch das Bandeisen verursachte Stauchwellen oder Markierungen bemerkbar machen. Es wird behauptet, daß ein in der neueren Art verpacktes Papier sich viel besser auf der Druckmaschine verarbeiten lasse, da es nicht so stark wie bei den mit Bandeisen umschlossenen Ballen zusammengepreßt wird. Im letzteren Falle neigt das Papier durch die starke Pressung vielmehr dazu, sich ungleich zu verziehen oder wellig zu werden, wodurch viele Störungen auf der Druckmaschine eintreten. Die neue Art der Verpackung ergibt einen festen, kompakten Ballen, der infolge der verwendeten starken Packpapiere und der besonderen Verklebungsmethode an den Enden auch rohester Behandlung beim Transport ohne Schädigung des verpackten Papiers widersteht.

In Ballen geliefertes Papier sollte sofort nach seiner Ankunft in der Druckerei von der Verpackung befreit und riesweise übereinandergeschichtet werden. Auch in kleineren Druckereien sollte das gemacht werden, da dadurch dem Papier die Möglichkeit gegeben ist, sich auszulagern und sich der Temperatur des Druckraumes viel besser anzupassen. Wenn dagegen das Papier in den Ballen im zusammengepreßten Zustand gelagert wird und diese erst unmittelbar vor Druckbeginn geöffnet werden, so können sich recht erhebliche Schwierigkeiten beim Verdrucken des Papiers in der Druckmaschine ergeben. Faltenschlagen und Registerschwierigkeiten sind die gewöhnlichen Folgen, die viel Zeitverlust und Makulatur mit sich bringen können; auch bei einfachen Arbeiten, bei denen man eine besondere Pflege des Papiers vor dem Druck häufig nicht für erforderlich hält.«

Kommt erneut ein unzweckmäßig verpackter Ballen an, so läßt man ihn erst in einem trockenen, nicht zu warmen Raum unaufgeschnürt austrocknen. Das hilft manchmal, allerdings nicht immer, das Welligwerden zu vermeiden. Im übrigen versende man Papier nur in *festen*, *verschraubten* oder *vernagelten Kisten*. Das ist freilich in bezug auf Fracht und Verpackungsspesen etwas teurer als die andere, allgemein übliche Verpackungsart, aber die einmalige Ausgabe für geeignete Verpackungskisten lohnt sich unbedingt durch das Ersparen einer Menge Ärger, Scherereien und — infolge des geringeren Ausschusses — auch an Druck- und Papierunkosten. Wenn selbst für minderwertigere Papiere, namentlich Holzschliffstoffe, die massenhaft für dauernd wiederkehrende Arbeiten, z. B. Etiketts, benutzt werden, ständige Transportkisten angeschafft werden, die in der Papierfabrik gefüllt werden, und dann wieder zur Fabrik zurückwandern, so ist das für Streichpapier unbedingt zu empfehlen. Es handelt sich um eine einmalige, verhältnismäßig kleine Ausgabe, die sich durch die Sicherheit und Schnelligkeit des Arbeitens reichlich bezahlt macht.

Druckpapiere sollten nach Auspacken möglichst lange lagern und temperieren. Aber es gibt Fälle, wo auch dieses nichts nutzt und man welliges Papier verarbeiten muß. Wenn die Verpackungskosten nicht zu teuer würden, so wäre als das zweckmäßigste Verpackungsmittel wohl die Kiste anzusehen, die ja beim Versand von Kunstdruckpapieren ausschließlich Verwendung findet. Die Papierfabriken sind naturgemäß gern bereit, solchen Wünschen Rechnung zu tragen gegen Erstattung der entstehenden Mehrkosten, die durch einen geringeren Anfall an Makulatur wohl wettgemacht werden dürfte.

Der Hersteller kann die Ware nach ihrer Herstellung in den meisten Fällen wegen Raummangels nur kurze Zeit bei sich behalten. Er ist meist gezwungen, sie bei einem Spediteur unterzubringen, um für seine weiteren Erzeugnisse Raum zu gewinnen. Daß die Einlagerung am Orte des Empfängers erfolgt, braucht wohl nicht besonders hervorgehoben zu werden. Der Empfänger braucht dann nur an den Fernsprecher zu gehen, um die ihm bekannten Kisten abzufordern.

Wenn der Abnehmer am gleichen Orte wohnt wie der Agent des Lieferanten, wird dieser alle notwendigen Schritte selbst erledigen. So angenehm dies auch für eine schnelle Abwicklung des Verkehrs sein mag, so hat diese Annehmlichkeit doch ihre Schattenseiten. Der Spediteur kennt in den seltensten Fällen die Empfindlichkeit des Inhaltes der Kisten, und der Signatur: »Vor Nässe zu schützen« schlägt der Regengott sehr oft ein Schnippchen. Die eine oder andere Kiste ist den Witterungseinflüssen mehr oder weniger ausgesetzt.

Für das Papier ist es in jedem Falle vorteilhaft, wenn die Kisten flach gelagert werden können, doch nur in den seltensten Fällen kann das befolgt werden. In keinem Falle sollten Druckpapiere verhältnismäßig lange lagern, bevor sie verdruckt werden. Höchstens für das Lagern in Stapeln ist das ein Vorteil, nicht aber für gefüllte Kisten.

Zweckmäßig ist es für jeden Papierhersteller und -verbraucher, die Herren Spediteure über die Behandlung von Papiersendungen im allgemeinen aufzuklären, um sie dazu zu bewegen, keine großen Sendungen bei Regen oder Schnee vornehmen zu lassen, ohne die Kisten auf den Wagen genügend vor den Einflüssen der Witterung zu schützen, was sich durch Überdecken mit wasserdichten Planen sehr wohl erreichen läßt. Vollends bei Naturpapieren sollte diese Art der Zusendung unbedingt angewendet werden.

Aber auch die Beschaffenheit der Kisten ist zuweilen nicht so, wie es für den Inhalt angebracht wäre. Löcher oder klaffende Spalten sind durchaus keine Seltenheit. Das ist für Naturpapiere ebenso schädlich wie für gestrichene Sorten. Beim Öffnen solcher Kisten klagt dann der Abnehmer über die schlechte Lage des Papiers, das infolge der aus der Atmosphäre aufgenommenen Feuchtigkeit wellig liegt. Solche Vorkommnisse führen dann oft zu einem langen Briefwechsel, und dabei lassen sie sich in den meisten Fällen bei einigem guten Willen und einiger Einsicht ohne viel Schererei aus der Welt schaffen. Wo der Fabrikant nicht selbst nach dem Rechten sehen kann, da sollten es seine Bevollmächtigten tun, und wenn die Herren Vertreter in dieser Hinsicht selbst von Zeit zu Zeit einmal bei den Abnehmern sondierten, dann könnte leicht festgestellt werden, wie weit die mit Recht gestellten Anforderungen erfüllt wurden.

Die Benutzung von sogenannten Kistenschonern ist nur zu empfehlen, da das Material, das als Emballage dient, geschont wird und zu mehrmaliger Benutzung geeignet erscheint.

Jede Papierfabrik hat ein ihrem Absatz entsprechend großes Lager von Kisten zur Verfügung. Trotzdem kann es vorkommen, daß die zurückgekommenen leeren Kisten sogleich wieder verwendet werden.

Dann ist es unbedingt erforderlich, die mit dem Versand betrauten Personen anzuweisen, keine feuchten Kisten zu verwenden. Wenn nasse Kisten zurückkommen, so kann das daran liegen, daß die Kisten schon beim Spediteur und dann vielleicht noch nach Entnahme des Inhalts ungebührlich lange auf den Höfen herumstanden. Das ist dann eine Nachlässigkeit, für die kein Papierfabrikant verantwortlich gemacht werden kann, und die Beanstandung der Lieferungen, besonders wegen schlechter Lage, sind leider nur zu oft auf das Verschulden der Abnehmer zurückzuführen. Eine ganze Anzahl von Fabrikanten kann die Versandkisten gar nicht groß genug bekommen, und zuweilen ist das Ausstopfmaterial in Kisten — Pappeinlagen, Papierspäne u. a. m. — sehr umfangreich. Es ist sicher angebrachter, lieber noch 50 Bogen Papier mehr hineinzupacken, was jeder Abnehmer gewiß stillschweigend mit in Kauf nehmen würde. Die Folgen des Ausstopfens, besonders an den Seiten, sind recht unangenehm.

Durch längeres Stehen der Kisten »versteht sich«, wie der Drucker sagt, das Papier. Die Ecken stauen sich, weil die Papierpakete nicht immer genau bis zum Kistenrand reichen, und das ist für den Verarbeiter eine sehr unangenehme Erscheinung. Durch Stürzen oder Kanten der Kisten bei der Übernahme kann dieser Übelstand übrigens ebenfalls eintreten, besonders wenn viel Ausstopfmaterial verwandt wurde, das unter dem Gewicht des Papiers nachgibt.

Jeder sollte im Interesse einer prompten Geschäftsabwicklung die Versandbücher sorgfältig führen lassen. Ungebührlich langem Ausbleiben von zurückerwartetem Verpackungsmaterial sollte man durch Zustellung von Rechnungen vorbeugen. Wenn dies von Zeit zu Zeit erfolgt, lassen sich Verschleppungen sehr wohl vermeiden. Kein Mensch ist fehlerfrei, und gerade der Kaufmann, der ungemein vielseitig sein muß, ist besonders gegen Versehen nicht gefeit; er kann sie ebensowenig vermeiden wie jeder andere Sterbliche, aber bei Aufmerksamkeit und einigem guten Willen lassen sie sich einschränken.

Die Lagerung des Papiers

Wir wollen uns hier mit der Lagerung der Papiere befassen, weil hiervon ein gut Teil des Gelingens der Arbeit abhängig ist. Jede Fabrik wird einen oder mehrere ihrem Betrieb angemessene Lagerräume für Papier aufweisen können.

Eine der Hauptbedingungen für einen praktischen Fachmann ist die Ordnung im Papierlager, und diese wieder bringt es mit sich, ein und dasselbe Papier stets am gleichen Ort zu lagern; andernfalls müssen die Stöße umgepackt werden, um dieses oder jenes Papier erst herauszuholen. Die Aufbewahrung von Kartonpapieren vollzieht sich am zweckmäßigsten in Regalen. Zwischen die Papierlagen werden Klappzettel mit deutlich lesbaren Aufschriften gesteckt, die auf die Qualität hinweisen. Auch empfiehlt sich das Ankleben von Etiketten mit entsprechender Aufschrift an die Pakete. Eine an jedem Regal angebrachte Nummer in Verbindung mit der Bezeichnung der Qualität des Papiers, die sich aus dem angesteckten Zettel ergibt, ermöglicht im ordnungsgemäß geführten Papierlagerbuch ein leichtes Auffinden des Bestandes, ohne erst die Lagen durchzählen zu müssen, was bei der Inventur alle Jahre einmal unbedingt geschehen muß. Nicht ausnahmslos werden ganze Anfertigungen geschlossen auf den Weg gebracht. Das Resultat ergibt eine gute Kontrolle dafür, ob die Lagerbuchungen in Ordnung gehen. Wenn jeder Zugang gleich gebucht und jede Weggabe des Papiers ebenfalls gewissenhaft am besten gleich ausgetragen wird, dann sollte man annehmen, daß mit Differenzen schwerlich zu rechnen ist.

Wo ein Lagern von Paketen in Regalen nicht angebracht ist, wie beispielsweise bei Druckkartons, sollte man zwischen je 50 oder 100 Bogen ein Merkzeichen stecken, sofern das Quantum nicht, wie bei ersteren, aus der Umhüllung von je 50 oder mehr Bogen hervorgeht. Solche Merkmale erleichtern ein Abzählen ungemein; ohne sie müßte viel Zeit darauf verwendet werden und wäre zudem sehr unpraktisch.

Die Lagerung von Papieren wird uns vor allem interessieren, da von ihrer Beschaffenheit sehr oft ein guter Teil des Endresultates der Verarbeitung abhängig ist.

Da die Druckpapiere durchschnittlich ein beträchtliches Gewicht haben, so werden sie entweder in Parterreräumen der Druckereien oder in Lagerkellern untergebracht, um sich auszuliegen, bevor sie auf die Maschine genommen werden.

Um eine gleichmäßige Lage des Papiers zu erzielen, ist es erforderlich, schon bei der Einlagerung flache, nicht zu schwache Bretter zwischen eine bestimmte Anzahl Pakete (1000 bis 1500 Bogen) zu legen, was auch für das Abtragen der einzelnen Lagen vorteilhaft ist.

Doch auch den äußeren Einflüssen muß entsprechend vorgebeugt werden. Druckpapiere müssen trockene Lagerräume haben.

Die Luft in dem Lagerraum, dessen Fußböden und Wände meist aus zementierten Steinen bestehen, darf nicht zu viel Feuchtigkeit enthalten; deshalb sollte man besonders im Winter auf geordnete Temperierung sehen, was durch Heizen zu erreichen ist. Da Stein, das meist bevorzugte Material für Lagerkeller, aber die Wärme schlecht leitet, empfiehlt es sich, Steinwände mit Holz zu verschalen; doch genügt es auch, das Papier beim Lagern nicht bis dicht an die Wand zu packen, sondern vielleicht ½ m Spielraum zu lassen. Dadurch wird vermieden, daß Feuchtigkeit aus der Wand, besonders bei Kunstdruck- und Chromopapieren, in den Strich des Papiers übergeht. Auf den Fußboden lege man als isolierende Schicht einige starke ebene Bretter, bevor man den Stapel aufpackt, der durch Eckklötzer noch erhöht wird. Die Bogen, welche im Stoß oben und unten liegen, sind ohnehin durch ihre Veränderung mit bezug auf die Feuchtigkeitsaufnahme vom Drucker gefürchtet.

Besonders beachte man die Lagerung gummierter Papiere. Sie werden heute meist als »nicht rollend« angeboten, was sie auch nicht tun, wenn sie in einem Lagerraum aufbewahrt werden, bei dem ein gleichmäßiger Feuchtigkeitsgrad und Temperaturgrad gehalten wird. Zu beachten ist, daß man bei ihnen selbstverständlich die Luftfeuchtigkeit eher gering als reichlich nimmt und daß auch eine solche im Maschinensaal vorherrscht. Gummierte Papiere lagert man am besten, indem man die einzelnen Lagen teils Schicht gegen Schicht oder Papier gegen Papier lagert, man begegnet auf diese Weise dem Einkrümmen der Kanten am besten. Wenn also in den Betrieben auf die Lagerung der Papiere besonders Bedacht genommen wird, so lassen sich von vornherein Fehler während des Druckes vermeiden.

Zweckmäßige Papierlagerung *)

»Zugige Korridore, Toreinfahrten, Schuppen usw., wo das lagernde Papier allen Einflüssen der dauernd wechselnden Luftfeuchtigkeit und Temperatur und auch mechanischen Beschädigungen ausgesetzt sind, sind keine Papierlagerräume. Das mindeste, was man von einem Papierlagerraum zu verlangen hat, ist, daß er vollkommen abgeschlossen ist, einen guten und dichten, nicht Feuchtigkeit aufsaugenden Fußboden hat und nicht zu trocken und warm, aber auch nicht zu kalt und feucht sein soll. Ballen, die sich noch in dem Zustande befinden, wie sie von der Papierfabrik geliefert wurden, können auch hochkant gestellt werden, um Raum zu sparen. Bei nicht ganz fest gepreßten Ballen ist das nicht zu empfehlen, da das Papier leicht gestaucht wird.

Ganz unzulässig ist diese stehende Aufbewahrung von verpackten Papieren in Kisten und Kartons. Hier befinden sich die Riese nicht unter Pressung wie in den Ballen, die Bogen werden dann natürlich gestaucht, wenn die Kisten auf den Kanten stehen. Solche Bogen können dann niemals wieder flach liegen und werden in der Maschine nur Schwierigkeiten verursachen. Solche Kisten muß man stets flach legen.

Weder die Kisten noch die Ballen, viel weniger aber noch die ausgepackten Riese oder gar Bogen sollen direkt auf dem Fußboden lagern, sondern am besten auf Pritschen, die mindestens 10 cm über dem Boden stehen, wenn nicht *die Anwendung von Hubwagen*, die sehr zu empfehlen ist, noch größere Höhen verlangt. Es besteht dann auch keine Gefahr, daß das Papier aus dem Fußboden Feuchtigkeit anzieht, denn die wenigsten Fußböden sind so beschaffen, daß Feuchtigkeit nicht darin enthalten ist. Bei der erwähnten Lagerung kann das Papier von allen Seiten von der Luft umspült werden. Wichtig ist aber, daß diese Pritschen mindestens ebensogroß wie die darauf zu lagernden Formate sind, damit diese nicht überstehen. In diesem Falle würden sich die Bogen durch ihr Gewicht nach unten biegen und später nicht mehr flach liegen, außerdem werden die Riese und auch die

*) Entnommen Nr. 15 der Papier-Welt, Pößneck i. Th. vom 15. V. 38.

Bogen leicht durch Stoß beschädigt und müssen dann oft auf ein kleineres Format geschnitten werden. Vorteilhaft ist es auch, die lagernden Riese und Bogen mit einem Eckenschutz zu versehen, damit beim Verkehr auf dem Lager nicht die Ecken und Kanten zerstoßen werden.

Wenn man aber eine ganz vollkommene Lagerung haben will, die auch die beste Pflege des Druckpapiers gestattet, dann muß man eine Klimatisierung einrichten.«

Das Papier vor dem Druck

Die Drucker und Papierverarbeiter werden sich aus geldlichen Gründen, zuweilen auch wegen Raummangel, von den gängigen Sorten nur so viel Papier am Lager halten, als für den Bedarf einiger Wochen ausreichend ist.

Knapp werdende Sorten müssen stets rechtzeitig ergänzt werden, damit sich die Papiere gut ausliegen können und nicht zu frisch auf die Maschine genommen werden. Sie sind sonst beträchtlichen Schwankungen mit Bezug auf die Veränderlichkeit ausgesetzt. Das Zusammengehen und Ausdehnen des Papiers, hinreichlich bekannte Erscheinungen bei der Verarbeitung von zu frischem Papier, sind nicht nur von störendem Einfluß für den Übereinanderdruck mehrerer Farben, sondern machen sich auch bei der Verarbeitung der druckfertigen Auflagen störend bemerkbar.

Der *Transport* der Papiere in den Maschinensaal muß ebenfalls mit aller Sorgfalt vorgenommen werden. Es ist verwerflich, die Pakete zusammenzulegen und sie in gerolltem Zustande an ihren Bestimmungsort zu befördern. Man lade sie bei etwaiger Fahrstuhlbenutzung auf Hubwagen so ein, daß sie gut übereinander liegen und ein Bestoßen der Ecken ausgeschlossen ist.

Bei der Herausnahme des Papiers aus dem Fahrstuhl und bei Weiterbeförderung lasse man die gleiche Vorsicht walten wie beim Einladen.

Es empfiehlt sich, zu der Besorgung dieser Arbeiten nicht ungeübte Leute zu nehmen, da diese mehr Schaden anrichten, als sie dem Betrieb nützen können. Eingearbeitetes Personal zu haben, ist selbst bei solchen anscheinend unwichtigen Arbeiten von nicht zu unterschätzendem Werte.

Um eine gleichmäßige Lage zu erzielen, ist es erforderlich, schon bei der Einlagerung flache, nicht zu schwache Bretter zwischen eine bestimmte Anzahl Pakete (1000 bis 1500 Bogen) zu legen, was auch für das Abtragen der einzelnen Lagen vorteilhaft ist. Das Einreihen in die Regale ist zuweilen mit Schwierigkeiten verbunden. Zum Transport großer Formate werden stets zwei Mann zur Verfügung stehen müssen. Bei kleineren Formaten wird eine Person genügen. Diese muß aber mit Papier umzugehen verstehen, weil sonst leicht Kniffe entstehen. Dann ist es zweckmäßig, nicht jedes Paket in sich einzuschlagen, sondern es auf ein flaches Brett zu legen und mit diesem in das Regal zu tun. Dieses wird dann fortgezogen und zur weiteren Benutzung verwendet. Dadurch ist unter Garantie die Möglichkeit, Kniffe in das Papier zu bekommen, ausgeschaltet.

Es empfiehlt sich bei gestrichenen Papieren, von denen 100 Bogen in die Pakete gepackt sind, je 50 mit der Stirnseite gegeneinander zu legen, weil dadurch eine bessere Lage des Papiers erzielt wird.

Die Pakete sollen so gepackt werden, daß ihre Schmalseite offen (also unverklebt) bleibt, damit das Papier sich gleichmäßig dehnen kann. Die Feuchtigkeit im Papier verdunstet bei den unausbleiblichen Temperaturschwankungen im Lager, und die Folge davon ist, daß sich das Papier zu dehnen beginnt. Wenn nun alle Seiten der Packpapierumhüllung fest verklebt sind, so hat das Papier zu dem Dehnungsprozeß keinen Spielraum, die Folge davon ist, daß die Bogen sich nach dem Auspacken werfen, wodurch die Papierstöße in eine schlechte Lage kommen. Durch die unvermeidbare Feuchtigkeitsaufnahme des Papiers dehnt es sich bei Verdunsten des überschüssigen Wassergehaltes bei Temperaturschwankungen. Sind die Schmalseiten nun offen, so hat das Papier zur Dehnung genügend Spielraum, andernfalls wirft es sich. Das ist oft der Grund, warum die Papierstöße eine so schlechte Lage haben, die sich selbst durch Zwischenlegen von starken, ebenen Brettern nicht viel bessern läßt. Als logische Folgerung zu dem soeben Gesagten sei hier also die Lehre gezogen, die Schmalseite unverklebt zu lassen. Es genügt vollkommen, wenn sich an der Stirnseite (Schmalseite) der Pakete ein unverklebter Papierüberschlag befindet. — Wenn das Umschlagpapier zu fest ist, kommt es zuweilen bei empfindlichen Papieren vor, daß sich durch Aufeinanderlegen vieler Pakete die verklebten Papierenden auf den Inhalt abdrücken und einen Grat markieren, der sehr störend wirkt.

An jedes Paket sollte schon in der Papierfabrik — Sortier- und Packraum — ein Zettel geklebt werden, der die Herkunft, das Gewicht des Papiers, Sortenbezeichnung, Format und vor allen Dingen das Datum der Herstellung erkennen läßt.

Firma: ....
Format: ....
Gewicht per °/₀₀ Bogen ....
Gramm per qm ....
Anfertigungs-Nr. und Datum der Herstellung: ....
Sortenbezeichnung: ....

Um bei doppelseitig gestrichenen Papieren die besser druckfähige, meist zweimal gestrichene Seite leicht kenntlich zu machen, ist es zweckmäßig, auf die Vorderseite der Pakete entsprechende Vermerke zu kleben. »Vorderseite liegt nach oben«, dann weiß der Drucker sofort, welches die zur Aufnahme der Druckfarbe geeignete Seite ist. »Zweite Wahl«, die bestimmungsgemäß prozentual der angefertigten Menge mitgeliefert wird, sollte als solche ebenfalls gleich an der Außenseite der Pakete kenntlich gemacht werden, vielleicht durch Aufkleben farbiger, knallroter Zettel. Bei größeren Anfertigungen, die in Teillieferungen an den Besteller gelangen, ist es durchaus zweckmäßig, stets einen Teil der zweiten Wahl bei den Teilsendungen mitzuliefern. Dem Besteller ist dadurch die Möglichkeit gegeben, bei seinem Verbrauch einen bestimmten Prozentsatz abzustoßen. Das ist schwer möglich, wenn er schließlich mit der letzten Sendung die gesamte zweite Wahl mitgeliefert erhält.

Nun noch etwas über »Bewettern«.

Die Luftbehandlung in den Lagerräumen

In den nachstehenden Ausführungen will ich auf die Erfordernisse der Einlagerung des Papiers hinweisen unter besonderer Berücksichtigung der klimatischen Vorbedingungen. Das Temperieren, das heißt die Angleichung des Papieres an die Luftfeuchtigkeit der Lagerräume beziehungsweise des Maschinensaales, wo es verarbeitet werden soll, ist für den Ausfall der Druckarbeiten von ausschlaggebender Bedeutung. Papier, das sich unter äußeren Umständen, wie unter der Einwirkung zu warmer oder zu kalter Lagerräume verändert und somit bei mehrfarbigen Druckauflagen einen genauen Passer unmöglich macht, bedeutet eine große Arbeitserschwernis für den andernfalls störungsfreien Druck der Auflage.

Die Buchdrucker haben sich im allgemeinen in den letzten Jahren auf die Forschungen, die in bezug auf die Neigung des Papieres zum Feuchten gemacht worden sind, noch nicht eingestellt, wenigstens nicht die große Zahl der Mittel- und Kleinbetriebe.

Der Stein- und Offsetdrucker sowie der Tiefdrucker ist in dieser Beziehung wesentlich fortschrittlicher gesinnt und hat Einrichtungen geschaffen, die eine Kontrolle der Luftfeuchtigkeit und Luftwärme ermöglichen. Die Angleichung der Temperatur im Lager und im Maschinensaal ist von ausschlaggebender Bedeutung für die Frage der Papierbehandlung. Der Ausdruck »Temperieren« ist in Druckerkreisen der Inbegriff der Angleichung namentlich im Feuchtigkeitsgehalt des Papieres an die umgebende Luft, denn die Flächenbeständigkeit und das Flachliegen der Bogen ist von grundlegender Bedeutung für den Mehrfarbendruck. Man kann sich nicht genug um Aufklärung über die Gesetzmäßigkeiten bemühen, die mit dem »Temperieren« zusammenhängen, und um die Schlußfolgerungen für die Praxis, die zur Erkenntnis dessen, worauf es ankommt und zur sicheren Beherrschung der technischen Maßnahmen führen. 18 bis 20 Grad Celsius im Maschinensaal, 63 bis 67 Grad relative Luftfeuchtigkeit ist die feststehende Allgemeinforderung. Ist diese Vorbedingung erfüllt, so ist das Wort »Temperieren« nur noch ein Fremdwort. Natürlich müssen die Lagerräume der Papiere entsprechend eingerichtet sein, das Lagern selbst muß sachgemäß erfolgen, beim Versand dürfen zu der gut getrockneten Ware keine feuchten Kisten oder nasse Ballenbretter verwendet werden. Alles Binsenweisheiten, die aber immer wieder nicht befolgt werden, und dann ist das Wehgeschrei in den Werkstätten sehr groß, wenn sich die Folgen zeigen. Ist der Lagerraum zu kalt, muß durch Heizung entsprechender Ausgleich geschaffen werden, ist er zu warm, muß für sinngemäße Lüftung und durch Sprengen des Fußbodens mit Wasser für ausreichende Feuchtigkeit gesorgt werden. Natürlich gehört in jeden Papierlagerraum ein Thermometer und ein Hygrometer! Ebenso in den Druckraum. Temperatur und Luftfeuchtigkeit müssen diejenigen Leute, die mit Papier zu tun haben, stets kennen, und Temperatur und Luftfeuchtigkeit müssen im Papierlager und im Druckraum stets möglichst gleich bleiben. Bei einer unerwarteten, eiligen Arbeit stellt sich oft heraus, daß das Papier, das aus dem Lager kommt, stark wellig ist und daß ihm, damit man es überhaupt verdrucken kann, erst noch durch Auslegen in kleinen Stößen »gut zugeredet« werden muß. Und doch kann das oft vorkommende Welligwerden durch ein wenig Pflege des Papiers auf dem Lager meistens vermieden werden.

Es tritt auf, wenn der Feuchtigkeitsgrad des Verarbeitungsraumes dem des Papieres nicht entspricht.

Zur Kontrolle des Feuchtigkeitsgrades bedarf es des Hygrometers, eines Feuchtigkeitsmessers, dessen Handhabung keine Schwierigkeiten bietet. Am empfehlenswertesten für unsere Zwecke sind die Haarhygrometer. Sie bestehen aus einem entfetteten Pferdehaar, das an dem einen Ende festgeklemmt, an dem anderen, durch ein kleines Gewicht beschwert, über eine Rolle geführt ist und sich unter dem Einfluß der Luftfeuchtigkeit oder -trockenheit verlängert oder verkürzt. Dadurch wird dann ein Zeiger bewegt, der auf einer Skala den Feuchtigkeitsgrad der Luft abzulesen gestattet. Ein derartiges Gerät hängt man im Papierlager auf, ein zweites im Druckraum und regelt nach Bedarf durch Heizen oder durch Sprengen mit Wasser die Luftfeuchtigkeit so, daß beide Instrumente möglichst gleich zeigen. Im Winter soll das Papierlager sich auch nicht zu sehr in der Temperatur vom Druckraum unterscheiden. Es etwa gar nicht zu heizen, ist eine falsch angebrachte Sparsamkeit.

Hält man so möglichst konstante Luftfeuchtigkeit im Papierlager, so fällt das lästige Umpacken des Papiers und Auslegen in kleinen Stößen auch bei lange lagernden Papieren fort. Ja, man wird sogar finden, daß Kunstdruckpapiere, die sich sonst beim Verdrucken wenig geschmeidig zeigen, bei denen sogar der Strich Miene macht, sich loszulösen — daß selbst solche Papiere sich anstandslos verdrucken lassen, wenn sie nur den nötigen mittleren Feuchtigkeitsgrad von 63 bis 67 Prozent aufweisen. Die Papierlieferanten haben daher nicht ganz unrecht, wenn sie das Abheben des Striches der Behandlung durch den Drucker zuschreiben.

Wenn aber auch bei richtigem Feuchtigkeitsgrad das Papier noch die erwähnten Mängel zeigt, dann darf man annehmen, daß das Bindemittel des Kreidestriches zu stark gegerbt und dieser dadurch zu spröde geworden ist, und solches Papier ist sicherlich absolut unbrauchbar.

Überall in der Technik macht sich das Bestreben geltend, möglichst gleichmäßige Verhältnisse zu erzielen und zu erhalten durch geeignete Anwendung von Meßinstrumenten. Ein solches Meßinstrument für die Luftfeuchtigkeit, das sicher mancher bisher nur als Spielerei betrachtet hat, ist das Hygrometer, und durch seine sinngemäße und zielbewußte Anwendung läßt sich auch für den Drucker manche Erleichterung schaffen und viel Ärger vermeiden. Es würde sich also der Mühe verlohnen, die begreifliche Scheu vor dem bisher Ungewöhnlichen zu überwinden und sich mit seiner Anwendung zu befreunden.

Glücklicherweise sind in den automatischen Klimaanlagen jetzt auch Mittel geschaffen, die geeignet sind, dem Mehrfarbendrucker sein schweres Werk zu erleichtern. Man hat in Großdruckereien automatisch arbeitende Apparaturen eingebaut, mit Hilfe deren eine selbständige Temperatur- und Feuchtigkeitsregelung sowie Lufterneuerung durchgeführt werden kann. Diese Apparate sind noch verhältnismäßig teuer, so daß sie sich nur in größeren Betrieben bezahlt machen. Aber ein Thermometer und ein Hygrometer sich anzuschaffen, das dürfte für jeden vorwärtsstrebenden Buchdrucker von Vorteil und auch erschwinglich sein.

Über die »Klimaanlage« entnehme ich noch einige lesenswerte allgemeine Ausführungen dem Band 42 der Sammlung »Deutsche Musterbetriebe«, J. J. Arnd, Verlag Übersee-Post, Leipzig C 1, von Dr. Curt Piorkowski über den Betrieb Gebr. Obpacher A.-G. in München.

»Wie empfindlich Haare, Fasern und überhaupt alle organischen Gewebe auf die Schwankungen des Feuchtigkeitsgehaltes der Luft reagieren, beweist die Tatsache, daß man gerade Haare zur Messung des Feuchtigkeitsgehaltes verwendet. Es liegt auf der Hand, daß das Papier, ein Produkt aus verfilzten Fasern, stets einen gewissen Grad von Feuchtigkeit enthält, der natürlich in seiner Höhe maßgebend beeinflußt wird von dem Feuchtigkeitsgehalt der umspülenden Luft. Entsprechend dem durch die Aufnahme bzw. Abgabe von Feuchtigkeit an die umgebende Luft bedingten Quell- und Schrumpfungsvermögen der einzelnen Faser verlängert sich das Papier bei zu hoher und verkürzt sich bei zu niedriger relativer Luftfeuchtigkeit. Im einzelnen sind folgende

Fehlererscheinungen meist auf ungünstige klimatische Verhältnisse zurückzuführen.

a) Schrumpfen.

Ein Papierlagerraum hat beispielsweise statt 65% nur etwa 40% relative Luftfeuchtigkeit. Das in Stapeln liegende Papier gibt von den Rändern Feuchtigkeit an die zu trockene Luft ab, die einzelnen Fasern schrumpfen zusammen. Diese Schrumpfung kann aber nicht gleichmäßig erfolgen, denn die Innenfläche des Papieres ist ja je nach der Höhe des Stapels mehr oder weniger luftdicht abgeschlossen. Die Folge ist, daß sich nur die Ränder zusammenziehen; dadurch kann bei der Verarbeitung in der Druckmaschine leicht das lästige Faltenschlagen entstehen.

b) Rollen.

Es ist eine bekannte Tatsache, daß alle Papiere zweiseitig sind. Das heißt: Sieb- und Filzseite sind niemals vollkommen gleich. Noch deutlicher erkennbar wird der tiefere Grund des Rollens, wenn wir die vollkommen verschiedene Ober- und Unterseite beispielsweise des Chromoersatzkartons oder gar der aufkaschierten Metallfolien betrachten. Es ist klar, daß in all diesen Fällen die eine Seite mehr, die andere Seite weniger oder vielleicht gar keine Feuchtigkeit aufnehmen bzw. abstoßen kann. Die unmittelbare Folge dieser zweiseitig verschiedenen Dehnbarkeit ist ein Verziehen bzw. Rollen der Bogen unter dem Einflusse wechselnder klimatischer Verhältnisse.

c) Passerdifferenzen.

Der Wechsel der relativen Luftfeuchtigkeit bedingt also die unter a und b geschilderten Fehlererscheinungen, insbesondere dann, wenn er während des Auflagedruckes eintritt. Durch das Wachsen des Papieres bei zu hoher und das Schrumpfen bei zu niedriger relativer Luftfeuchtigkeit treten Passerdifferenzen auf.

d) Stauben.

Es ist wenig bekannt, daß auch dieser Übelstand, der soviel Aufenthalt im Fortdruck verursachen kann, sehr oft auf eine zu niedere Luftfeuchtigkeit zurückzuführen ist. Das Papier muß zu viel Feuchtigkeit abgeben, es wird folglich spröde; der Füllstoff lockert sich, und das Papier staubt.

e) Statische Elektrizität des Papieres.

Diese Erscheinung tritt sehr oft auf und macht sich insofern äußerst unangenehm bemerkbar, als der Anlegeapparat meist nicht mehr weiterarbeiten kann und durch die Handanlage ersetzt werden muß. Abgesehen von diesem Schaden haften auch die gedruckten Bogen so stark aufeinander, daß durch das oft etwas langsame Abheben sowohl ein Verschmieren der noch frischen Farbe als auch ein Abziehen derselben auf der Rückseite des Druckbogens eintritt. Vergegenwärtigt man sich die starke Reibung, der jedes Papier bei der Herstellung z. B. an geheizten Walzen, an Zylinderaufzügen usw. ausgesetzt ist, und die nachfolgende starke Pressung in Stapeln und Ballen, so versteht man ohne weiteres die Tatsache, daß fast alle Papiere mehr oder weniger mit Reibungselektrizität geladen werden. Diese Ladung ist unter normalen Verhältnissen von keinem schädlichen Einfluß auf die Weiterverarbeitung, denn dank eines gewissen Feuchtigkeitsgehaltes der Papiere wird die statische Elektrizität wieder abgeleitet. Entzieht man jedoch dem Papier die Feuchtigkeit durch Lagerung in zu trockenen Räumen, dann verliert es gleichzeitig mit dem Feuchtigkeitsgehalt die Möglichkeit einer Ableitung der Reibungselektrizität und gewinnt zudem eine erhöhte Bereitschaft, sich durch Reibung in den Weiterverarbeitungsmaschinen der Druckerei und der konfektionierenden Abteilungen erneut mit statischer Elektrizität aufzuladen. Das beste Abwehrmittel gegen diese Einflüsse ist die Konstanthaltung einer entsprechenden Luftfeuchtigkeit, und zwar im Papierlagerraum, in der Druckerei und den weiterverarbeitenden Abteilungen. Man hat im In- und Ausland Untersuchungen darüber angestellt, welches Klima als das vorteilhafteste anzusehen ist. Das Ergebnis ist die Ermittlung eines günstigsten Satzes von 65% relativer Luftfeuchtigkeit bei einer Lufttemperatur von etwa 21° C. Bei diesem Klima werden heute alle Papierprüfungen in den Papierfabriken und in den staatlichen Materialprüfungsanstalten vorgenommen.

Zur Verarbeitung gestrichener Papiere

Jeder Fachmann weiß, wie wichtig die Behandlung des Papiers vor dem Druck ist. Da Druckpapiere durchschnittlich ein beträchtliches Gewicht haben und meist auch in großen Formaten geliefert werden, so werden sie infolge der Transportschwierigkeiten besonders großer Formate entweder in Parterreräumen oder in Lagerkellern untergebracht, um sich »auszuliegen«, bevor sie auf die Maschine genommen werden. Da jede größere Druckerei solche Räumlichkeiten zur Verfügung hat, bleibe die Möglichkeit des Nichtvorhandenseins solchen Gelasses unberücksichtigt.

Jeder Drucker sollte es sich zum Grundprinzip machen, niemals frisch angelieferte Papiere auf die Maschine zu nehmen, denn dieses ist oftmals ein wesentlicher Faktor für schlechten Ausfall der Druckauflage. Wenn sich das vielleicht auch nicht gleich bemerkbar macht, so kann man doch sicher sein, daß nach den ersten Farben auch die ersten Schwierigkeiten sich zeigen werden durch schlechtes Einhalten des Registers, bedingt durch die Veränderung des Papiers. Wärmen des feuchten Papiers oder Einlegen in gefeuchtete Makulatur sind für den Weiterdruck nicht förderlich, weil es immerhin nicht feststeht, ob der Zeitverlust dann durch ein besseres Ergebnis belohnt wird.

Dem Papier muß überhaupt große Aufmerksamkeit gezollt werden, um einen guten Passer zu erzielen. Es ist durchaus verkehrt, an der Papierqualität zu sparen. Oft denkt der Drucker, wenn er nur eine Farbe zu drucken hat, dann könne er ein weniger gutes Papier nehmen. Das ist ein unrichtiger Standpunkt. Auf alle Fälle sollte ausnahmslos ein zweimal gestrichenes Papier für Vielfarbendruck verwendet werden. Selbst für Flächendruck (wenn er auch in nur einer Farbe erfolgt), wie z. B. bei der Herstellung von Kartonagenpackungen aller Art, sollte man das niemals außer acht lassen. Eine große geschlossene Fläche, sei sie nun hell- oder dunkelfarbig, wie bei Vorsatz- oder Bezugspapieren, erfordert eine in allen Teilen vollkommen gleichmäßige Papieroberfläche, die bei einmal gestrichenem Papier nicht zu erwarten ist. Nur dann ist ein gleichmäßiges Wegschlagen der Farben zu erwarten, wenn die Kreideschicht gleichmäßig auf dem Rohstoff verteilt und so beschaffen ist, daß sie die Farbe gut in den Aufstrich eindringen läßt. Enthält der Stoff viel Chlor oder sonstwelche mineralische Stoffe, die beim Flachdruck den Stein angreifen, so ist die Folge das Spitzwerden des Umdruckes. Die zweckmäßige Behandlung desselben vor Einrichtung auf der Maschine kann diesem Übel immerhin etwas vorbeugen, andernfalls hilft zuweilen ein nachträgliches Abreiben mit Asphalt und Einbrennen desselben mittels der Stichflamme.

Es sei auch noch auf die zweckmäßigere Verwendung des dünneren Papiers für den Druck hingewiesen. Neben anderen Erleichterungen bietet es auch die, selbst im Verhältnis zu der Mehrarbeit durch Kaschieren und der damit bedungenen Kosten immer noch billiger zu sein als fertig geklebte Papiere.

Auf dünnen Papieren läßt sich eine viel größere Tagesleistung erzielen als auf Kartonpapier. Zudem sind ja die modernen Kaschiermaschinen so leistungsfähig, daß man um diese Arbeit nicht besorgt zu sein braucht. Bei deren Benutzung fällt das lästige Trocknen, weiter das Aufhängen und sogar das nachträgliche Satinieren der Druckbogen weg, da die Maschine viel schneller, sauberer und sparsamer arbeitet, als es bei der Pinselklebung und so weiter der Fall ist. Chromobilder, Kalenderrückwände und dergleichen, die im Bogen geklebt werden, brauchen nur einseitig kaschiert zu werden, da die Maschine den Klebstoff ganz sparsam aufträgt und daher der Karton nicht wellig werden kann.

Der Makulaturwert ist bei Papier geringer als bei bedruckten Kartons oder Pappen. Gut verdruckbares Papier ist für viele Zwecke auch leichter zu erhalten als druckfähiger Karton, daher soll man möglichst selten auf solchen drucken, zumal sich das Papier viel besser drucken läßt. Papier ist auch bedeutend bequemer und schneller zu transportieren; im Drucksaal vereinfacht sich also der Materialtransport wesentlich. Ferner kann der automatische Bogenanleger wohl bei Papier, nicht aber bei auf Karton geklebten Bogen verwendet werden. Zu berücksichtigen ist weiter, daß der Farbenverbrauch bei Papier viel geringer ist, als wenn man kaschierten Karton bedruckt. Auch eine billigere Stoffmischung des Kartons ist möglich, wenn das Papier erst nach dem Drucke aufgeklebt wird.

Um den im Papier enthaltenen Feuchtigkeitsgrad zu messen, gibt es verschiedene Geräte. Man findet auch den Mehrgehalt an Feuchtigkeit, indem man einen Bogen auf einen vollkommen trockenen Tisch legt. Enthält das Papier sehr viel Feuchtigkeit, so wirft es sich nach der Mitte hin, und auch die Schnittflächen werden wellig.

Über den Grad des Feuchtens entscheidet von Fall zu Fall der Maschinenmeister, der dann auch für den Druck verantwortlich ist. Gestrichene Kartonpapiere müssen stets gut gefeuchtet werden, da sie besonders aufnahmefähig für Wasser sind und andernfalls die ersten Druckfarben vollständig in sich aufnehmen würden. Werden die Papiere oder Kartons hingegen zu stark gefeuchtet, und ist das Bindemittel des Aufstrichs zu stark gegerbt, so kann es vorkommen, daß der Aufstrich auf dem Stein haften bleibt.

Jedes Papier wird bekanntlich vor der weiteren Verarbeitung auf der Schnellpresse im Hoch- und Flachdruck auf seine Beschaffenheit hin geprüft. Ein stark satiniertes Papier erfreut sich beim Drucker größerer Beliebtheit als schwach satiniertes, da sich ersteres besser verdrucken läßt. Auch ist zu einem stark geglätteten Papier weniger Farbe erforderlich, um Deckung zu erzielen, als bei einem schwach satinierten, da bei ersterem die Poren stark zusammengepreßt sind und die Farbe auf der geschlossenen Oberfläche stehenbleibt, während sie bei rauherer Oberfläche aufgesogen wird und daher satter gedruckt werden muß, um gleich gute Ergebnisse in bezug auf die Deckung zu erzielen.

Ein Übelstand beim Druck von Papieren ist das Dehnen. Der Zylinder der Schnellpresse, unter dem der Bogen bei einem normalen Vielfarbendruck immerhin 12 bis 14 mal über den Stein geht, übt bekanntlich besonders auf die Mitte des Bogens einen beträchtlichen Druck aus, was zur Folge hat, daß sich das Papier in der Längsrichtung am ehesten dehnt, während die Breitseite weniger dabei in Betracht kommt. Jede Papierfabrik paßt die Papiere daher ihrer weiteren Verarbeitung an, und demzufolge wird auch die Längsseite am stärksten maschinell gestreckt, wodurch die Dehnung auf ein Mindestmaß beschränkt und ziemlich genaues Registerhalten ermöglicht wird.

Besonders bei Arbeiten, die nach Fertigstellung noch geprägt werden, ist Verziehen des Papiers schlimm, da die Prägung nicht zum Passen zu bringen ist. Die Erfahrung des Prägemeisters kann diesem Übel durch verschiedene Mittel abhelfen. Das braucht aber niemand als Trost hinzunehmen. Man sehe nur zu, daß die Auflagebogen so aus der Druckerei kommen, daß nicht erst die schwierigsten Versuche vorgenommen werden müssen, um sie vor dem Verschwinden in die Abfallkästen zu bewahren. — Es sei hierbei gleich an die Anforderungen erinnert, die an besonders feste, sogenannte ritzfähige Kartons gestellt werden. Bei Anordnung der einzelnen Nutzen auf dem Auflagebogen empfiehlt es sich stets, die Längsrichtung derselben mit der der Papierfasern parallel gehen zu lassen, da bezüglich Festigkeit und sonstiger Anordnungen dann alle Ansprüche als erfüllt gelten können. Bei Befolgung dieses Fingerzeiges werden sich manche Schwierigkeiten bei der Herstellung der druckfertigen Ware vermeiden lassen, für die oftmals ungerechtfertigterweise der Papiererzeuger verantwortlich gemacht wird.

Jeder erfahrene Drucker wird schon nach dem Ausdruck der ersten Farbplatten sagen können, ob das Papier genügend geleimt ist oder nicht. Bei einem schwach geleimten Papier wird die Farbe, die ohnehin im Hinblick auf die Saugfähigkeit des gestrichenen Papiers etwas kräftiger gehalten wird, sehr stark wegschlagen, was schon bei der Tonplatte und dem ersten Blau deutlich zu beobachten ist. Wenn die Farbe dagegen blank (ungebunden) stehenbleibt, ohne zu trocknen, so beweist das oft zu starke Leimung. Die Poren sind zusammengeklebt und haben nicht mehr die Fähigkeit, den Farbstoff eindringen zu lassen. Diese Erscheinung berührt besonders unangenehm bei der gelben Platte, da gelb bekanntlich die schwierigste Druckfarbe ist. Das glänzende speckige Aussehen behält der Druckbogen auch noch nach dem Ausdrucken aller Farbplatten.

Zudem kann es vorkommen, daß durch das Aufeinanderliegen der nicht aufgetrockneten Farben die Bogen am Zylinder der Schnellpresse haftenbleiben oder stellenweise auf dem Stein Farbe aus der Kreideschicht und, wenn die Bindung des Striches mit dem Papierstoff nicht erstklassig ist, auch Stücke aus dem Rohstoff des Papiers herausgerissen werden, alle Vorbedingungen also erfüllt sind, möglichst viel Ausfall zu erhalten. Da besonders den letzten Farben zwecks besseren Trocknens Sikkativ zugesetzt wird, um ihre schnellere Verwendung zu ermöglichen, macht sich das Stehenbleiben der Farbe auf der Papieroberfläche recht unangenehm auch noch bei anderer Gelegenheit bemerkbar.

Bekanntlich wird zwischen je zwei Druckbogen immer ein Bogen Einschuß (Zwischenlage) gelegt. Wenn die Farben nun ungebunden stehengeblieben sind, saugen sich die Bogen natürlich an dem Zwischenlagepapier fest. Wird nun die Auflage aus der Makulatur herausgenommen, so haften auf den speckigen Stellen aus dem Zwischenlagepapier herausgerissene Fasern. Die festklebenden Fasern lassen sich zwar mit Wasser unter Verwendung eines weichen Lappens abwaschen, das erfordert aber unnötige Mehrkosten, die nicht gerade angenehm sind. Es sei noch kurz auf die weiteren Erschwerungen bei der Verarbeitung der Auflage hingewiesen. Ein großer Teil der Druckauflagen wird nach erfolgtem Ausdrucken der Farben nachträglich mit einem Lacküberzug versehen. Steht nun die Farbe ungleich auf dem Bogen, so wird auch der Lacküberzug die gleiche Eigenschaft zeigen. Durch mehrmaliges Lackieren (zweimal dürfte genügen, vielleicht bei einer etwas verstärkten Lackschicht) läßt sich allerdings ein befriedigendes Ergebnis erzielen, doch das sind vorher nicht in Anschlag gebrachte Mehrkosten der Herstellung, die dazu angetan sind, den Nutzen des Fabrikanten beträchtlich zu schmälern.

Wir müssen noch nachtragen, daß man besonders bei Chromopapieren, welche doppelseitig gestrichen sind, auf einer Seite zudem einen doppelten Aufstrich haben, die besser druckfähige Seite leicht durch Abschaben der Kreideschicht findet; diejenige Seite, bei der man am schnellsten auf die Papierfaser kommt, wird die zur Aufnahme des Farbenauftrags weniger geeignete sein.

Es ist empfehlenswert, rechtzeitige Ergänzungen ausgegangener Papiere vorzunehmen, damit sich die Papiere gut ausliegen können und nicht zu frisch auf die Presse kommen, weil solche in bezug auf Veränderlichkeit leicht beträchtlichen Schwankungen ausgesetzt sind. Das Zusammengehen und Ausdehnen des Papiers ist nicht nur von störendem Einfluß bei dem Übereinanderdruck mehrerer Farben, sondern es macht sich das auch vor allem bei der Verarbeitung der druckfertigen Auflage störend bemerkbar.

Dem Verbraucher gestrichener Papiere sind mit Übernahme der Papiersendung viele Pflichten übertragen, deren Erfüllung er sich angelegen lassen sein muß, wenn er Gewähr für gute Ware haben will. Bei einiger Sachkenntnis und einigem guten Willen wird er viele Mißstände von Anfang an ausschalten können. Dadurch bleiben viele unangenehme Beanstandungen erspart. Hat er aber einen wirklichen Mangel an dem Papier festgestellt, so mache man davon dem Papierhersteller unverzüglich Mitteilung. Dieser wird dann die Sachlage prüfen und etwaige Schäden bei der nächsten Anfertigung des gleichen Stoffes ausmerzen können.

Nur dann, wenn Hersteller und Verbraucher Hand in Hand gehen, wird sich eine angenehme Geschäftsverbindung schaffen lassen, und Papierlieferant und Drucker werden sich den guten Erfolg bei der Verarbeitung des Werkstoffes mit gleichem Recht zusprechen können.

FACHTECHNISCHER TEIL

Die Veredlung von Papier

Grainieren — Lackieren — Gelatinieren — Grundieren — Zaponieren

Die Papierwarenindustrie ist eines der wenigen Gewerbe, welche durch die Kunstrichtungen und -strömungen beeinflußt werden, und zwar in einer Weise, daß man bei jedem Erzeugnis deutlich den Stempel sieht, den die herrschende Kunstströmung ihm aufgedrückt hat. Eine Zeitlang lebte alle Welt im Zeitgeschmack des Biedermeierstils, jener Kunstrichtung, die in den vierziger Jahren des vorigen Jahrhunderts an der Tagesordnung war und die behagliche Ruhe unserer Großväter in sehr anschaulicher Weise wiedergab. Wir fanden diese bildlichen Darstellungen nicht nur auf den Erzeugnissen des graphischen Gewerbes, auf den vielen neuen Tischkärtchen, Menus, Glückwunschkarten, sondern wir fanden sie auch auf dem weitverzweigten Gebiete der Papierausstattung, die schon alle Richtungen von der modernen Linie bis zu den Blumenarrangements des Rokoko wiederholt durchlebt hat.

Als die bekannteste Art der Papierveredlung kann man wohl die bezeichnen, welche dazu dient, Abwechslung in das sonst eintönige Aussehen besonders der glatten Papiere zu bringen, die zum Überkleben von Gegenständen, wie Bonbonnieren, Mappen u. a. m. dienen. In solchen Fällen wird das Papier in Bogen vor der weiteren Verarbeitung mit irgendeiner Pressung versehen. Es gibt eine ganze Reihe der verschiedensten Muster. Besonders die Bezugpapiere für Kartonagenzwecke, seien sie naturfarben, im Stoff gefärbt oder auf chromolithographischem Wege mit einigen Farben (figürliche oder ornamentale Gebilde werden stark bevorzugt) bedruckt, eignen sich für derartige Pressungen besonders gut. Selbstredend wird man Muster wählen, die ansprechen und originell sind. Wir finden unter den vielen Arten solcher Pressungen am häufigsten Stoffimitationen, Leinen, Moirée u. a. Das Gebiet der Phantasie ist besonders ergiebig und reich an originellen Einfällen zur fabrikatorischen Nutzanwendung.

Jedem Fachmann dürfte es wohl bekannt sein, eine wie große Verbreitung insbesondere die Leinenpressungen gefunden haben, die unter den Gewebenachbildungen den ersten Platz einnehmen. Die verschiedenen Arten des Gewebes, vom feinsten bis gröbsten, lassen eine außerordentliche Reichhaltigkeit in der Art der Pressung zu, wie z. B. Leinen in seinen verschiedenen Abarten.

Bei der Anwendung des Preßverfahrens ist jedoch auch mit gewissen Einschränkungen zu rechnen. Wir greifen, als Bezug geeignet, dabei auf glatte Bilder zurück, Schachtelbezüge oder Plakate mit figürlichen Darstellungen. Diese verlieren, je kleiner sie im Format sind, an Ausdruck; man kann getrost sagen, die Pressung verunziert das Dessin. Der Fabrikant wird sich in der Anwendung von Grainpressungen (feines oder gröberes Korn) stets nach dem figürlichen Dessin richten müssen. Ganz feine und in allen Teilen zartgehaltene Sujets würden durch eine nachträgliche Pressung verunstaltet werden. Es ist das gleiche, als wenn eine in allen Partien besonders fein und zart gehaltene Lithographie etwa durch die Reliefprägerei »verschönert« werden würde, weil dadurch jeder Reiz der intimen koloristischen Wirkung verloren gehen würde.

Da wir soeben von den verschiedenen Pressungen sprachen, dürfte es vielleicht von Interesse sein, zu hören, wie solche hergestellt werden. Man bedient sich zu diesem Zwecke der sogenannten Gauffriermaschine, die eine gewisse Ähnlichkeit mit dem den Lesern bekannten Kalander zum Glätten von Papierbogen hat, abgesehen von der Zahl der Zylinder.

Nicht alle Papiere lassen sich in gleicher Weise pressen. Manche nehmen das Korn ohne irgendwelche vorherige Vorbereitung an; wieder andere müssen vor dem Durchgang über die Prägewalzen gefeuchtet werden, und das ist der weitaus größte Teil aller Papiere. Es ist das notwendig, um ein Faltenwerfen während des Durchgangs auf der Maschine zu vermeiden. Einige Worte über die Bauart dieser Presse sollen zum besseren Verständnis des Gesagten dienen.

Die Grainpresse ruht auf zwei Säulen, die durch ein Walzenpaar miteinander verbunden sind. Die obere Walze, aus Stahl bestehend, ist mit dem Muster graviert, das gepreßt werden soll, während die untere Walze die Aufgabe hat, die Bogen gegen die obere gravierte Walze zu drücken. Sie besteht vorwiegend aus »Stirnpapier«, d. h. hydraulich gepreßten Papierscheiben. Die zu pressenden Bogen werden eingeführt und durch die drehende Bewegung zwischen diesen beiden

Walzen hindurchgezogen, um auf der entgegengesetzten Seite der Maschine, mit der vorgesehenen Pressung versehen, wieder zum Vorschein zu kommen.

So einfach wie das klingt, so viel Umsicht und Sachkenntnis gehört zu einer verständigen Bedienung dieser Maschine; das zu verarbeitende Papier muß dieser Art der weiteren Behandlung unbedingt gewachsen sein; denn andernfalls werden sich nicht vorausgesehene Ausfälle bei der Fabrikation ergeben.

Bei Artikeln, die grainiert werden, ist die Papieroberfläche beträchtlichen Veränderungen durch die Pressung ausgesetzt. Schwache Linienzeichnungen verschwinden fast gänzlich unter solchen Einwirkungen. Wer besonders auf Textwirkungen Wert legt, sollte in solchen Fällen Schriften niemals gleich in dem Druckverfahren mitlaufen lassen, sondern sie nur im Heiß- oder Monogrammprägedruck nachträglich aufbringen lassen, bei welchen Techniken die Veränderung der Papieroberfläche durch den Textdruck nach dem Pressen erfolgt.

Ein weiteres Mittel der Papierveredlung ist das Lackieren der Papierbogen. Am häufigsten wird Lacküberzug bei Erzeugnissen Anwendung finden, die auf chromolithographischem Wege hergestellt sind, während dieser sich für Papiere, die zu Schreibzwecken dienen, nicht eignet, weil die Schreibfeder auf der glatten Lackfläche nicht auf die eigentliche Papierfläche kommt, und die flüssige Schreibtinte auslaufen würde.

Glatte, lackierte Papiere finden in der Hauptsache nur zum Überzug von einfachen Kartonagen Verwendung. Für Überzugpapiere schließt das Auftragen einer Lackschicht große Vorteile in sich. Diese Art Papiere sind in den meisten Fällen dessiniert, und die Lackschicht auf dem Bogen schützt den Druck vor schädlichen Einflüssen durch das Betasten mit nicht sauberen Fingern, vor Staub- und Lichteinwirkung und anderen Übelständen, insbesondere auch vor dem Verblassen der Farben.

Lackauftrag auf zu veredelnde Papiere wird von Hand nur auf ganz minimale Flächen erfolgen; größere Bogenformate werden ausschließlich auf maschinellem Wege lackiert, wobei die Bogen, ähnlich wie beim Drucken auf der Schnellpresse, über einen Zylinder laufen und über mit Lack getränkte Walzen geführt werden.

Das Zusammenkleben frisch lackierter Bogen vermeidet man durch das Auslegen der Bogen in Bogentrockenmaschinen oder Hürden, d. h. Holzgestellen, bei denen Leisten so übereinander geschichtet sind, daß dazwischen je ein Bogen eingeführt werden kann, der schnell durch den Luftdurchzug trocknet.

In jedem Falle aber sollte man sich gesagt sein lassen, daß nur immer ein Verfahren zur Ausschmückung angebracht erscheint. Nicht selten wird von unerfahrenen Bestellern der Wunsch geäußert, einen mit Lacküberzug versehenen Bogen auch noch gepreßt zu erhalten. Unter dem Einfluß der Druckspannung geht die in dem spiegelglanzähnlichen Auftrocknen des Lackes bedungene Wirkung total verloren. Durch solche Experimente werden nur die Herstellungskosten erhöht.

Der Lacküberzug wird zur Konservierung der Untergrundfläche sehr zu empfehlen sein, wenn auch nicht außer acht gelassen werden darf, daß die dadurch bedungene Wirkung nur dann tadellos sein wird, wenn die Papierqualität ebenfalls einwandfrei ist und ein gleichmäßiges Auftrocknen des Lacküberzuges gewährleistet.

Ähnlich dem Lackauftrag war früher bei *Postkarten* die Hebung der Ansichtsfläche durch *Gelatineaufstrich* üblich. Die mit diesem Aufstrich versehenen Papiere kennen wir als Hochglanzdrucke.

Einmal kann dieser Hochglanz hervorgebracht werden, ähnlich wie auf den photographischen Papieren (bei Bromkarten nämlich), doch ist das ziemlich umständlich. Am häufigsten wird das Gelatineverfahren angewendet. Voraussetzung dabei ist, daß an den Seiten der zu gelatinierenden Flächen genügend Raum zum Anfassen der Bogen ist. Andernfalls würde man in den frischen Gelatineaufstrich hineinfassen, und das Ergebnis wäre eine Fleckenbildung an der betreffenden Stelle, hervorgerufen durch den Fingerabdruck.

Die Zubereitung des Gelatineaufstrichs ist kurz folgende: Man setzt aufgekochtem, weichem, d. h. Fluß- oder Regenwasser soviel Gelatine (Ia Qualität unbedingt erforderlich) zu, daß die gewonnene Masse nach dem Kaltwerden zwischen den Fingern klebt. Eine Probe auf Papier muß eine glänzende Fläche hervorbringen.

Um störende Bestandteile auszuschalten, wird die so gewonnene Lösung filtriert, und dann wird man zunächst probeweise einen Bogen streichen. Es muß stets darauf geachtet werden, daß Streifenbildung vermieden wird. Aus diesem Grunde muß man sich zum Aufstreichen der Masse eines ganz feinen Pinsels bedienen. Der so zubereitete Bogen zeigt nun allerdings noch nicht die gewünschte spiegelglatte Hochglanzfläche. Die wird erreicht durch Aufziehen der Bogen auf eine blankgeputzte Spiegelglasplatte. Daß die mit dem Aufstrich versehene Seite auf die Glasplatte kommen muß, dürfte einleuchten. Um ein glattes Aufliegen des Bogens zu erzielen und um zu vermeiden, daß sich infolge Luftzutritts Blasen bilden, andererseits noch das überflüssige Wasser herauszubefördern, wird die Rückseite mit einer steifen Bürste fest angerieben. Die Glasplatte mit dem aufgezogenen Bogen wird dann zum Trocknen aufgestellt. Wenn der Trockenprozeß beendet ist, springen die Bogen von selbst ab oder lassen sich leicht abziehen. Dann erst haben sie eine spiegelglatte Oberfläche.

Ein Zwischending von Gelatinieren und Lackieren ist ein diesen sehr nahekommendes Verfahren, das Grundieren der Oberfläche von Papieren.

In warmem Wasser gelöste Gelatine wird auf die zu bearbeitende Fläche vermittels eines weichen Schwammes aufgetragen. Die Fläche hat allerdings nicht jenes gleichmäßige Aussehen, wie solches durch Lacküberzug oder Gelatinieren erreicht wird. Immerhin ist dieses Verfahren ein Aushilfsmittel für besondere Fälle.

Oberflächenglanz kann man auch durch Schellacküberzug erzielen. In jedem Falle muß man sich eines guten, ganz weichen Schwammes zum Aufstreichen der Masse bedienen, um jeder Unregelmäßigkeit oder gar Streifenbildung vorzubeugen.

In Fällen, wo es sich um geprägte Artikel, wie beispielsweise Buchdeckel mit Metallpressungen, handelt, wird man ebenfalls ein Mittel anwenden, um die Haltbarkeit des Glanzes zu erhöhen. Hierzu dient Zapon, eine Masse, welche die Eigenschaft hat, Erzeugnisse, die damit überzogen werden, zu konservieren; besonders schützt es solche Flächen vor vorzeitiger Oxydation, die auf dem Wege der Preßvergoldung verziert sind.

Wir haben eine Reihe von Arten kennengelernt, die sämtlich das eine Ziel gemeinsam haben, den Papieren, die der Verarbeitung dienen, ein besseres Aussehen zu geben.

Wir müssen uns darüber klar sein, daß jene Erzeugnisse auf dem Weltmarkt die bevorzugteren sein werden, die eine reiche, ansprechende Ausstattung aufweisen, die jeweils dem Charakter des Handelsproduktes angepaßt sein muß.

Das Kleben von Papier mittels Handarbeit und auf neuzeitlichen Maschinen

Das Papier, das als Werkstoff unserer papierverarbeitenden Industrie die Papierfabrik verläßt, hat eine mannigfache Behandlung. Wohl ausnahmslos wird es in irgendeiner Form veredelt oder bedruckt, um in dieser bearbeiteten Form dann weiterverarbeitet zu werden zu den verschiedensten Erzeugnissen.

In sehr vielen Fällen erfolgt zu diesem Zweck zunächst noch eine Zwischenverarbeitung, um den Papierbogen die Stärke zu geben, die für das betreffende Erzeugnis erforderlich ist.

Dies geschieht durch Unterklebung des Papierbogens ebenfalls mit einem Papierbogen, in den weitaus meisten Fällen jedoch durch Aufziehen auf Pappe. Über die damit zusammenhängenden betriebsnotwendigen Erfordernisse unterrichten auf Grund gesammelter Erfahrungen die nachstehenden Ausführungen.

In vielen Fächern der Papierverarbeitung bildet das Kleben von Bogen auf Bogen eine laufende Arbeit, welche besondere Kenntnisse und Sorgfalt erfordert. Die Hauptbedingungen dieser Arbeit sind in allen ihren Anwendungsgebieten gleich und für die Handarbeit bekannt. Wir wenden uns daher im folgenden der Maschinenklebearbeit zu.

Eine Hauptsache beim Kleben von Bogen auf Bogen, besonders mittels der Maschine, ist die richtige Beurteilung der verschiedenen Papiere hinsichtlich ihrer inneren und äußeren Beschaffenheit und der damit im engsten Zusammenhange stehenden besonderen Eigenschaften. Dies ist bei Handklebung schon von Bedeutung, noch viel wichtiger aber bei der Maschinenklebung.

Jedes mit Klebstoff bestrichene Papier dehnt sich nämlich infolge der Feuchtigkeitsaufnahme, aber das Maß der Dehnung ist verschieden, je nach Stoffzusammensetzung, Leimung und Satinage. Für glattes Bekleben ist von großer Bedeutung, daß diese Dehnung so vollständig wie möglich stattgefunden hat, bevor die Bogen aufeinander geklebt werden, damit das Papier nach dem Kleben nicht wieder aufstehen kann.

Bei Handklebung wird entweder mit Pinsel, Bürste, Schwamm oder — wie beim Spritzverfahren — mit dem Leimzerstäuber angeschmiert, wobei leicht dehnbare oder der Dehnung weniger unterworfene Papiere Zeit genug finden, sich soweit auszudehnen, wie es zu Erzielung einer glatten Kaschierung notwendig ist, besonders da nach Auflegen des Bogens, durch von der Mitte desselben nach seinen Außenkanten gerichtetes Anreiben mittels Hand oder Bürste, der vielleicht noch nicht ganz vollzogenen Dehnung nachgeholfen und der Blasenbildung entgegengearbeitet wird. Bei sehr harten, sich schwer dehnenden Papieren führt man bei Handklebung die erforderliche Papierdehnung dadurch herbei, daß man zwei oder drei Papierstöße nebeneinander legt und abwechselnd den oberen Bogen anschmiert, um so durch längeres Liegen der Bogen eine ausreichende Dehnung zu erzielen.

Läßt sich auch durch Handarbeit Gutes leisten, so macht es doch Schwierigkeiten, die für den fortgesetzt steigenden Massenverbrauch erforderlichen Mengen herzustellen; man bemüht sich daher schon lange, die Handarbeit durch Maschinenarbeit zu ersetzen.

In der Kartonpapierfabrikation sind seit langem neben großen Rollen-Klebmaschinen auch Bogen-Klebmaschinen bekannt. Diese aber tragen ihren Namen mit Unrecht, denn sie schmieren nur an, kleben aber nicht. Die angeschmierten Bogen werden vielmehr der Maschine von Hand entnommen, aufeinander gelegt und noch feucht unter die Presse gebracht.

Wir besitzen jetzt aber wirkliche Bogen-Klebmaschinen, welche Anschmieren und Kleben selbsttätig ausführen, also Bogen auf Bogen kleben.

Bei den ersten Maschinen dieser Art wurde aber die Dehnung des Papieres nicht berücksichtigt, vielmehr gewaltsam unterdrückt, indem beide Bogen sofort miteinander verbunden wurden, sobald der Papierbogen mit seinem ersten Teile die Klebstoffwalze verließ, also erst einige Zentimeter mit Klebstoff versehen waren. Dies mag Berechtigung haben bei Papieren, welche sich infolge ihrer Stoffzusammensetzung und Leimung wenig oder gar nicht dehnen. Für Papiere aber, welche unter der Feuchtigkeitseinwirkung des Klebstoffes der Ausdehnung unterworfen sind — und das sind die weitaus meisten Sorten — muß eine Gelegenheit zur Ausführung derselben unbedingt vorhanden sein, wenn der Bogen nach dem Aufkleben glatt und blasenlos bleiben soll. Kann die Dehnung nicht *vor* dem Aufkleben erfolgen, so tritt sie mit

Naturnotwendigkeit nach dem Aufkleben ein, und dies bewirkt, daß sich der Bogen an unzähligen Stellen in Blasen und Bläschen von der Pappe abhebt (sogenanntes Aufstehen). Um dies zu vermeiden, ist also für die meisten Papiere eine Dehnungsgelegenheit *vor* dem Aufkleben unerläßlich.

Nun ist für viele lithographische Drucke, welche auf Pappe oder Karton geklebt und nachher geschnitten oder ausgestanzt werden, jegliche Dehnung vom Übel. Diese Drucke sind aber fast durchweg auf solchen Papieren hergestellt, die der Dehnung nicht oder nur ganz minimal unterworfen sind, so daß sie auch beim Vorhandensein einer Dehnungsgelegenheit durch schnelleren Gang der Maschine sich mit Sicherheit so kleben lassen, daß keine Dehnungsdifferenzen im Drucke hervortreten.

Einzelne Papiere lassen sich freilich maschinell überhaupt nicht nutzbringend kleben, z. B. Pergament-, Pergamin-, harte Metall- und sonstige sehr harte Papiere. Diese dehnen sich so stark und benötigen dazu so viel Zeit, daß es nicht lohnen würde, die Maschine derart langsam laufen zu lassen, daß die Dehnung der angeschmierten Bogen *vor* dem Aufkleben eintreten könnte.

Das Verlangen nach der idealen Maschine, welche die oben erwähnten Eigenschaften besitzt, ist in der Praxis als erreicht zu betrachten.

Als Klebstoff für Handkaschierung verwendet man am vorteilhaftesten Stärkekleister oder, wenn dessen Beschaffung Schwierigkeiten bereiten sollte, Kleisterersatz oder Kaltleim, den jede Fabrik, welche Klebstoffe anfertigt, liefern kann. Wo es sich um das Kaschieren besonders empfindlicher oder widerspenstiger Papiere handelt, empfiehlt es sich, stets ein Papiermuster der Klebstofflieferfirma einzusenden. Der Lieferant wird dann jederzeit in der Lage sein, einen geeigneten Klebstoff dafür anzubieten. Auch Kartoffelmehl eignet sich vorzüglich zum Kaschieren. Hierbei tut man jedoch gut, dasselbe vor dem Gebrauch durch ein engmaschiges Sieb durchzusieben, um etwa im Mehl vorhandene Klümpchen und sonstige Fremdkörper zu entfernen. Wo sich beim Anrühren des Kleisters Knollen oder Klümpchen gebildet haben, muß man denselben vor der Verarbeitung durch ein Tuch seihen oder drücken, damit alle Unreinigkeiten beseitigt werden. Diese beeinflussen den glatten Fortgang der Arbeit ungemein und verteuern das Kaschieren dadurch wesentlich. Das Kaschieren von Hand geschieht in folgender Weise: Das zu veredelnde Papier wird in kleinen Stößen von etwa 100 Bogen übereinandergelegt. Das Papier wird um einige Millimeter in Länge und Breite kleiner als der Pappbogen zugeschnitten und von einer Arbeiterin unter Zuhilfenahme eines großen Pinsels oder einer weichen Bürste auf der Rückseite möglichst gleichmäßig mit Klebstoff versehen. Dabei wird der Klebstoff, je nach der Beschaffenheit des Papiers, mehr oder weniger mit Wasser verdünnt. Die angeschmierten Bogen läßt man nun einen Moment weichen, um die angeschmierten Bogenseiten alsdann auf die bereitliegenden Bogen aufzulegen, und reibt dann mit dem Handballen oder mit einer Bürste auf der Oberfläche glatt.

Selbst diese augenscheinlich nebensächlichen Arbeiten erfordern eine gewisse Genauigkeit und Geschicklichkeit seitens des Personals. Es empfiehlt sich also im Interesse des raschen Fortschreitens bei der Aufarbeit eines größeren Quantums, zum Kaschieren drei Arbeiterinnen zu verwenden, von denen eine zum Anschmieren benötigt wird, während die beiden anderen Mädchen das Kaschieren einschließlich des Glattstreichens bewerkstelligen. Dabei ist es wichtig, daß die Arbeiterinnen genügend Raum zur Verfügung haben, so daß sie bei der Arbeitsausübung nicht beengt sind.

Die fertig kaschierten Pappen läßt man nunmehr eine kurze Zeit an der Luft trocknen und legt sie dann in Stapeln übereinander. Eine praktisch angelegte Aufhängevorrichtung leistet dabei gute Dienste. Diese muß jedoch derart angelegt sein, daß die Luft von allen Seiten bequem Zutritt hat. Vor allen Dingen dürfen die Pappen nicht zu lange hängen, weil sie sonst anfangen, sich zu werfen. Sie sollen vielmehr nur leicht abtrocknen, um dann in übereinandergeschichteten Stapeln allmählich nachzutrocknen.

Wenn bedruckte Papiere zu kaschieren sind, so ist in erster Linie darauf zu achten, daß der Druck nicht zu frisch ist, weil derselbe sonst leicht abfärbt oder beim Reiben verwischt wird. Oft geht man dazu über, derartige Drucke vor dem Kaschieren entweder mit Federweiß oder Magnesia abzureiben. Dieses Verfahren ist jedoch nicht immer zu empfehlen, da der Druckausfall in den meisten Fällen darunter leidet und dadurch viel von seiner ursprünglichen Ansehnlichkeit verliert.

Das beste ist in solchen Fällen, wenn man Makulaturbogen zwischen die kaschierten Pappen legt und diese dann in nicht zu hohen Stapeln übereinanderschichtet.

Mit der fortschreitenden Technik war man mit Erfolg bestrebt, die Handklebearbeit nur den ganz kleinen Betrieben zu überlassen, für gesteigerte Anforderungen indessen den Vorgang des Aufstreichens des Klebestoffes, ferner das Glattstreichen des angeschmierten Bogens auf dem Pappbogen vollständig von der Maschine besorgen zu lassen. Man erzielt dadurch einerseits ein genaueres und schnelleres Arbeiten, andererseits eine wesentliche Verbilligung durch sparsameren Verbrauch von Klebestoff und der Einsparung teurer Arbeitslöhne. Beides ist für die Gestehungskosten von großer Bedeutung im Wirtschaftsprozeß.

Bei der Aufarbeitung großer Posten, die alle mit demselben Papier kaschiert werden sollen, wobei das Format nicht gewechselt wird, empfiehlt es sich daher ausnahmslos, die Pappenbeklebemaschine zu verwenden.

Wesentlich wirtschaftlicher und sauberer als Handarbeit gestaltet sich natürlich das Kaschieren mit Maschinen. Wenn es sich darum handelt, Papiere in Bogenformaten zu kaschieren, so empfiehlt sich die Anschaffung einer Bogen-auf-Bogen-Kaschiermaschine. Das gleiche gilt auch, wo es sich darum handelt, Papiere verschiedener Qualitäten und in wechselnden Formaten zu kaschieren.

Bei der Bauart dieser Maschine ist man nach jahrelangen Versuchen von der alten Ansicht, daß das Papier vor dem Aufziehen erst gründlich aufgeweicht und von dem Kleister durchzogen sein muß, abgegangen, es wird somit der Bogen maschinell unmittelbar nach dem Klebstoffauftrag unter sofortiger Pressung kaschiert. Bedingung ist natürlich hierbei, daß kaschierfähige Papiere zur Verwendung gelangen.

Die Bogen-auf-Bogen-Kaschiermaschine wird in zwei Typen gebaut, und zwar für einfachere Arbeiten, wobei der Papierbogen der Maschine von einem Mädchen durch Hand zugeführt, selbsttätig mit Klebstoff versehen und gewendet wird, während ein anderes Mädchen den Pappbogen im Moment des Wendens dem angekleisterten Papierbogen zuführt, worauf sich beide Bogen selbsttätig verbinden bzw. unter Druck durch ein Walzenpaar zusammen kaschiert werden. —

Mit diesen Kaschiermaschinen können nur Papierbogen, bedruckt oder unbedruckt, auf glatte Pappen geklebt werden, wobei kleine Registerdifferenzen sowohl seitlich als auch in der Länge, bis zu 5 mm, mit in Kauf genommen werden müssen. Es gibt auch Maschinen mit ungefähr der gleichen Arbeitsweise, wie vorstehend beschrieben, bei denen aber der Vortransport des Papier- und Pappbogens nach Anlegung beider Bogen an einen Winkel selbsttätig geschieht, so daß eine genaue Kaschierung auf die gewünschte Stelle gewährleistet ist.

Die Erfahrung hat jedoch gelehrt, daß nicht alle Papierschweren auf der Bogen-auf-Bogen-Kaschiermaschine sich den zu beklebenden Pappen glatt anschmiegen. Ein mit Kleister oder Kaltleim aufgetragener Bogen dehnt sich bekanntlich mehr, je leichter er ist. Da die mit dem Klebstoffauftrag versehenen Bogen unmittelbar der Pappe zugeführt werden, fehlt die Zeit, um sich genügend dehnen zu können. Es entstehen daher Falten trotz der Preßwalze in der Maschine.

Es ist deshalb notwendig, daß man Papiere bis 120 g pro Quadratmeter Schwere vor der Kaschierarbeit zwischen feuchte Makulatur legt, damit die unvermeidliche Dehnung vorher stattfindet.

Wird das Papier von der endlosen Rolle verarbeitet, so wird es mittels der Auftragwalze mit Klebstoff versehen, dann mit der Pappe zusammengeführt und kaschiert. Nach erfolgter Kaschierung wird das Papier durch eine Abschneidevorrichtung scharf an der Kante der Pappe getrennt oder abgeschnitten. Die kaschierte Pappe läuft hierauf zwischen geheizten Walzen hindurch und gelangt von hier aus fix und fertig getrocknet in den Auffangtisch der Maschine, um von hier aus dann sofort in großen Stößen aufgestapelt zu werden. Wo Papiere und Pappen unter Zuhilfenahme der hier erwähnten Kaschiermaschine kaschiert werden, erfolgt die Auftragung des Klebstoffes natürlich viel gleichmäßiger und sparsamer als beim Kaschieren von Hand. Da derartige Maschinen jedoch erhebliche Anschaffungskosten erfordern, kann ihre Verwendung nur dann in Frage kommen, wenn täglich mindestens einige tausend Bogen zu kaschieren sind. Wo das nicht zutrifft, wird man sich nach wie vor eben mit der Handkaschierung begnügen müssen.

Für große Auflagen kaschierter Pappen, wie solche in den größeren Kartonagenfabriken, von Pappengroßhändlern usw. benötigt werden, und da, wo alle möglichen Sorten von Papieren, welche womöglich weniger kaschierfähig, d. h. stark zellulosehaltig sind, und wo viele Formate in Frage kommen, ist die Pappenbeklebemaschine mit selbsttätiger Abschneidevorrichtung unübertroffen. Die Maschine verarbeitet sämtliche Sorten Stroh-, Holz-, Grau- und Lederpappen in Bogen mit Papier jeder Art, weiß oder farbig, von der Rolle.

Der Vorzug dieser Maschine besteht insbesondere darin, daß das Papier nach dem selbsttätigen Ankleistern je nach Beschaffenheit kurz oder lang bis zu 5 m bis zum Moment des Zusammenkaschierens geführt werden kann, so daß also selbst das zellulosehaltigste Papier Zeit und Gelegenheit genug hat, sich auszudehnen, wodurch ein durchaus faltenfreies und erstklassig kaschiertes Klebeerzeugnis erzielt wird.

Die Maschine ist mit 5 Paar federnd gelagerten Anpreß- und Heizwalzen ausgestattet, wodurch ein vorzügliches Anreiben und Trocknen des geklebten Papieres erzielt wird. Der Abtrennmechanismus vor dem letzten Walzenpaar ist mit einem Fühler ausgestattet, so daß es möglich ist, sowohl bei dünnen als auch bei dickeren Pappen ohne jede Umstellung von Wechselrädern das Beklebepapier in jeder Länge der Pappen selbsttätig und sicher zu trennen. Die Pappen verlassen die Maschine genügend angetrocknet, so daß dieselben ohne weiteres in großen Stapeln zusammengelegt und nicht mehr wie bisher zum Trocknen einzeln ausgehangen zu werden brauchen.

Die Bedienung der Maschine ist die denkbar einfachste. Die Papierbahn wird über die Kleisterauftragung geführt und gelangt, mit der Kleisterseite obenliegend, auf den Anlegeteil des Tisches. Die Pappen werden am Tischwinkel angelegt und durch die rotierenden Einführwalzen in die Maschine befördert. Das Einlegen kann ein Arbeiter oder ein Mädchen bequem besorgen.

Es wird ohne weiteres jedem Fachmann einleuchten, daß die Vorteile der Maschinenklebung durch die große Ersparung an Lohn, Zeit, Raum und Kleister ganz bedeutend sind. Ferner erzielt jeder größere Pappenverbraucher durch Verwendung der Maschine eine bedeutende Verbilligung des Pappenmaterials, weil bekanntlich die Pappen durch die Beklebung 10—20% schwerer werden.

Auf Wunsch kann an diese Maschine auch noch ein Dampftrockenzylinder angebaut werden, dann sind die Pappen nach Passieren des Trockenzylinders klanghart geworden.

Das Kolorit als Ausstattungstechnik in der Papierveredlung

Das Kolorit ist die edelste Technik zur Ausstattung von Papierwaren. Es nimmt in der Veredlung von Papierwaren auf dem großen Gebiete der Luxuspapierfabrikation eine führende Rolle ein. Teilweise finden wir es auch in Verbindung mit anderen Verfahren, ebensooft aber auch als alleinige Ausstattungstechnik.

Für den weitaus größten Teil dieser Industrie ist die ununterbrochen wechselnde Farbenzusammenstellung bei der Ausstattung der mannigfachen Erzeugnisse für einen Erfolg des Geschäftes unumgänglich notwendig. Die Mode ist unerbittlich in dem Verlangen nach Abwechslung in der Gestaltung der Handelsartikel. Von der Farbengebung wird es abhängen, ob die Erzeugnisse die Gunst des Publikums für sich gewinnen oder nicht. Je sorgfältiger das Kolorit ausgeführt wird, desto wahrscheinlicher kann auch auf den erhofften Erfolg gerechnet werden.

Es muß eine Grenze gedacht werden zwischen dem Kolorit, das stilgerecht in der Anordnung der Farben gehalten ist, einen durchaus künstlerischen Charakter trägt, und dem billigen Kolorit, an das naturgemäß nur Anforderungen einfachster Art gestellt werden können. Gerade auf diesem letztgenannten Gebiete wurde in der Systemzeit etwas geleistet! Kein Mensch kümmerte sich darum, ob auch nur ein Fünkchen künstlerischen Wertes in dem Erzeugnis steckte. Daß man sich nicht scheute, solchen Schund dem Publikum anzubieten, war bezeichnend dafür, wie verflacht es bereits durch die Überproduktion geworden war; denn sonst hätte es sich gegen derartige Zumutungen aufgelehnt, für solche Erzeugnisse sein Geld überhaupt auszugeben. Besonders bei dem Kolorit der Bromsilberkarten seligen Gedenkens konnten wir die Wahrheit des Gesagten leicht nachprüfen. Daß es auch hervorragend schöne Erzeugnisse auf diesem Gebiete gegeben hat, auch jetzt noch gibt, die natürlich entsprechend bewertet sind, sei nur beiläufig erwähnt. Für erstklassige Ware wird jedermann auch gern entsprechende Preise anlegen. Das Kolorit in seinen mannigfachen Anwendungs- und Ausführungsarten ermöglicht es, allen farblichen Ansprüchen auch vom künstlerischen Standpunkt gerecht zu werden.

Die Herstellung des Handkolorits wird zweckmäßigerweise von solchen Personen am besten auszuführen sein, die etwas künstlerisches Empfinden haben.

Wir finden das Handkolorit vornehmlich auf Büttenpapierbriefbogen, auf denen bildliche Darstellungen, Blumen oder Figuren, in Kupferdruck oder einer Nachahmung untergedruckt sind, und bei denen das Handkolorit die sonst drucktechnisch farbig erzeugte Bildwirkung ersetzen soll.

Das Kolorit hat an den Sondererzeugnissen der Luxuspapierfabrikation einen großen Anteil. Besonders für den wichtigsten Teil dieser Industrie, für das Luxuskarten- und Ausstattungsgeschäft, ist die ununterbrochen wechselnde Farbenzusammenstellung unumgänglich notwendig für einen Erfolg durch den Absatz.

Wenn wir hier die verschiedenen Arbeitsweisen der Farbgebung aufzählen, so werden wir zunächst von jener Art des Kolorierens zu sprechen haben, bei der die Farbe mit dem Pinsel direkt auf den zu bearbeitenden Gegenstand übertragen wird. Diese Technik — das Handkolorit — ist wohl die künstlerischste Art der Ausschmückung von Papierwarenerzeugnissen.

Eine besondere Abart des Handkolorits kann man in dem Schablonenkolorit erblicken. Auf diese Weise werden nicht nur Bromsilber- und Lichtdruckkarten, sondern auch auf der Buchdruckpresse gedruckte Karten mit der Hand koloriert.

Von der Farbenzusammenstellung wird es abhängen, ob die damit ausgestatteten Erzeugnisse das Publikum für sich gewinnen oder nicht. Je sorgfältiger das Kolorit ausgeführt wird, desto wahrscheinlicher kann auch auf den erhofften Absatz gerechnet werden.

Eine besondere Abart des Handkolorits kann man in dem fabrikatorisch aufgezogenen Schablonenkolorit erblicken, bei dem die Anforderungen an das technische Verständnis der ausübenden Personen bedeutend niedriger geschraubt sind. Das Kolorit erfolgt ausschließlich mittels der Schablonen; nur in den seltensten Fällen, bei besonders hochwertigen Arbeiten, werden die zu kolorierenden Nutzen einzeln mit einem Haarpinsel in der gewählten Farbe handkoloriert.

Die Schablone wird aus ganz dünngewalztem Blech (Zinkblech) oder Stanniol nach der fertigen Vorlage entsprechend ausgeschnitten, über die zu kolorierende Fläche gelegt, und dann werden die Farben mit einem breiten Pinsel, ähnlich der bekannten Form des Rasierpinsels, über die ausgeschnittenen Partien der Schablone gestrichen. In der Regel werden Aquarellfarben benutzt, denen etwas Ochsengalle zugesetzt wird, damit die Farben auf den zum Teil bereits vorgedruckten Farben besser haften.

Auf diese Weise werden nicht nur im Flachdruck hergestellte, sondern auch mittels Strich oder Autotypie auf der Buchdruckpresse gedruckte Karten mit der Hand koloriert.

Die Preisgestaltung des Schablonenkolorits ist verhältnismäßig niedrig, und es wird diese Ausstattungstechnik wohl ausschließlich angewendet werden, wo es die Umstände gegenüber der mehrfarbigen Drucktechnik auch mit Bezug auf die Auflagenhöhe angebracht erscheinen lassen.

Insbesondere für Modeblätter sowie auch farbige Prospektausstattung erscheint die Kolorittechnik als durchaus angebracht zu wirksamer farbiger Ausstattung.

Wenn wir von den verschiedenen Arten des Kolorits sprechen wollen, so dürfen wir keineswegs die augenblicklich in hoher Blüte stehende Technik übersehen, die Farbe vermittelst eines Zerstäubers auf die farblich auszustattende Fläche zu übertragen.

Die Aufwendungen zu einer solchen Einrichtung ermöglichen es auch dem kleinen Fabrikanten, sich eine solche für seine Zwecke zuzulegen. Wo Gelegenheit vorhanden ist, etwa vorhandene Kraft für die Erzeugung des zum Gebrauch der Spritzapparate notwendigen Luftdrucks heranzuziehen, ist die Arbeitsleistung natürlich noch mehr vereinfacht, doch genügt zur Not auch ein Apparat mit Fußbetrieb. Je nach der Größe der Anlage sind 1—3 Atmosphären Druck erforderlich, um die Farbe auf den zu dekorierenden Gegenstand zu übertragen.

Die kunstvollen Wirkungen, die wir zuweilen bei der Ausstattung der Erzeugnisse bewundern können, sind nicht in letzter Reihe auf die Geschicklichkeit und den Geschmack derjenigen Personen zurückzuführen, die als verantwortlich für die Wahl der Farben und deren Verteilung auf dem auszustattenden Gegenstand zeichnen.

Bei den Spritzungen wurde früher eine Farbe von links, eine andere von rechts gegen die Bildfläche, sei sie eben oder erhaben, gespritzt, und durch das Ineinandergehen der Farben ließen sich oft die prachtvollsten Nutzanwendungen bezüglich der farblichen Gestaltung erzielen.

Luxuskarten, als da sind: Tischkarten, Menus, Glückwunschkarten; unter diesen sind wieder die Gelegenheitskarten besonders zu nennen, sowie Briefbogen u. a. m., das sind einige der Erzeugnisse, die wir am häufigsten mit Farbspritz-Kolorit versehen antreffen. Eine weitere Aufzählung der vielen Arten, für die diese dekorative Ausschmückung in Frage kommen könnte, können wir uns getrost ersparen. Sie begegnen uns immer wieder im praktischen Leben.

Die meist geprägten, also gewölbten Flächen zeigen zarte, verlaufende Übergänge, während die dem Farbstrahl abgewendeten Flächen überhaupt keine Färbung annehmen. Es dürfte einleuchten, daß die Anwendungsmöglichkeit des Spritzverfahrens außergewöhnlich groß ist. Dazu kommt noch, wie eingangs erwähnt wurde, daß die erforderlichen Einrichtungen sehr einfacher Art und verhältnismäßig nicht sehr teuer sind.

Von den vielerlei Nutzanwendungen, die der Preßluft abgewonnen werden, gelangt das Auftragen von flüssigen Farben zu immer größerer Bedeutung.

Die Anwendung des Spritzverfahrens ist auch besonders zur Erzielung äußerer dekorativer Wirkungen besonderer Artikel bestimmt, sei es, daß die gesamte farbliche Ausstattung in der Spritzmalerei liegt oder daß sie nur zur Unterstützung anderer Techniken dient (Hoch- und Flachdruck sowie des Monogrammprägedruckes). Besonders für Ränder und Einfassungen jeglicher Art dient das Spritzverfahren sowie u. a. auch vorzüglich zum Vignettieren bzw. zur Gesamtausstattung unter Verwendung von Schablonen.

Die angespritzten Ränder zeigen zartverlaufende Übergänge, und es lassen sich sehr schöne Wirkungen erzielen.

So finden wir Tonumränderung, farbige Ränder, gedruckte Medaillons in vignettierten Umrandungen, Trauerkarten, deren Ränder gedruckt, gestrichen oder angespritzt sind und deren gesamte Ausstattung bis auf die Mottos einzig und allein auf Spritzarbeit beruht.

Das Spritzverfahren findet zudem gern da Anwendung, wo es sich um keine geschlossene Farbenwirkung handelt, als Ersatz für die auf chromolithographischem Wege hergestellte Druckplatte. Gern druckt man eine Fläche auf der Stein- oder Buchdruckpresse vor und spart die Zeichnung aus, die dann reliefartig herausgeprägt und angespritzt wird. Das kann nun in einer oder in mehreren Farben geschehen, je nach der Art des Dessins. Auch die feinen Abtönungen in Licht und Schatten, wie sie der Lithographie eigen sind, lassen sich durch das regulierbare Aufspritzen der Farben erreichen. Allerdings gehört dazu schon eine Kunstfertigkeit, um plastische Wirkungen zu erzielen; auch muß auf eine hartbegrenzte Farbengebung gesehen werden, um ein günstiges Ergebnis zu erzielen.

Im Gegensatz dazu werden nicht selten die lithographischen Platten in Spritzmanier gehalten. Es muß offen gesagt werden, daß die Lithographie in keiner Weise als ein Ersatz der Feinheiten des Spritzverfahrens gelten kann; mit ungleich größerer Gewißheit aber gilt umgekehrt das Spritzverfahren in besonderen Fällen als Ersatz der Lithographie, und zwar da, wo es sich um besonders zarte Wiedergabe bestimmter Feinheiten in der Farbe und der Darstellung von Flächenwirkungen handelt.

Wir wollen uns in nachstehendem noch etwas näher mit den Hilfsmitteln dieser Technik vertraut machen, da sie, wie bereits erwähnt, vermöge ihrer geringen Herstellungskosten sehr wohl geeignet ist, eine weitere Reihe von Jahren eine führende Rolle in der Ausstattungstechnik zu spielen.

Die Möglichkeit hierzu ist gegeben durch die Einführung des Farbspritzverfahrens mittels des Ärographen (Farbzerstäubers) bzw. der Spritzpistole (für umfangreichere Farbaufspritzungen).

Wo Gelegenheit vorhanden ist, etwa vorhandene Dampfkraft für die Erzeugung des zum Gebrauch der Spritzapparate notwendigen Luftdrucks heranzuziehen, ist die Arbeitsleistung natürlich noch mehr vereinfacht, doch genügt zur Not auch ein Apparat mit Fußbetrieb. Je nach Größe der Anlagen sind ein bis drei Atmosphären Druck erforderlich. Der unter dem atmosphärischen Druck stehende Luftstrom wird durch die den meisten wohl schon bekannten Apparate in eine Farbe- oder Klebeflüssigkeit von beliebiger Konsistenz geleitet; das hierdurch entstehende innige Gemisch von Luft und Flüssigkeit tritt durch eine feine Spritzöffnung — die Düse der Spritzpistole — aus. Dadurch erhält man einen regulierbaren feinen Strahl, der die Farb- und Klebestoffpartikel in feinster und gleichmäßiger Verteilung auf den auszustattenden Gegenstand aufspritzt. Richtet man diesen Strahl, der jede Regulierung gestattet, gegen eine zu bemalende Fläche, so kann man mit ihm besser, leichter und sauberer arbeiten als mit dem feinsten Pinsel.

Nach kurzer Übung gelangt jede nur einigermaßen geschickte Arbeiterin dahin, mittels dieses Spritzverfahrens innerhalb kaum einer Sekunde die reizendsten Nuancierungen und Farbwirkungen zu erzielen. Die überaus herrlichen, in ihrer Entstehungsweise Nichteingeweihten ganz unerklärlichen farblichen Wirkungen, die sich aus der Anwendung des Spritzverfahrens ergeben, hat man sehr häufig an Prägearbeiten zu bewundern Gelegenheit.

In allen Zweigen fast sämtlicher Industrien unseres Gewerbes spielt das gleichmäßige Auftragen feinverteilter Farb- und Klebeflüssigkeiten eine bedeutende Rolle. Der Pinsel aber, das einzige Instrument, mit dem man bisher diese Arbeit ausführen konnte, bietet mancherlei Mißhelligkeiten.

Pinsel selbst sind teuer, sie arbeiten unökonomisch, da beim Abtropfen und beim Reinigen Farbe und Klebstoff verlorengehen, sie erlauben nur ein langsames und mühsames Arbeiten und verlangen in ihrer Handhabung Übung und Geschicklichkeit.

Es ist daher als ein bedeutender Fortschritt zu betrachten, wenn es gelingt, den Malpinsel mehr und mehr aus der Werkstatt zu verbannen und ihn durch ein anderes, schnelles und sauberes Verfahren zu ersetzen.

Die Spritzmalerei wird angewendet nicht nur auf Papier und Kartonpapier, sondern auch auf Stoffen aller Art: Velvet, Velour, Seide, Samt, selbst auf Zelluloid, Elfenbein und Porzellan. Die Farben müssen natürlich den Eigenarten der betreffenden Stoffe gemäß zusammengesetzt werden. Ganz besonders hervorragende Wirkung erzielt man auf geprägten Flächen. Für Lithographien, Photographien, künstliche Blumen, für die Porzellan-, Seiden-, Sammet- und Bordenindustrie werden die technischen Vorgänge des Aufspritzens von Farbe immer wieder Anwendung finden, da ihre Gestaltung in Form und Farbe mit der Geschmacksrichtung Schritt zu halten vermögen. Die Freude an der farblichen Gestaltung ist ewig alt und wird bleiben, solange die Natur selbst die Menschheit mit ihrer natürlichen Farbenpracht erfreut.

Vornehmlich zur Ausschmückung geprägter Flächen gedacht, erfüllt die Farbspritztechnik glänzend diesen Zweck für die koloristische Ausstattung glatter Flächen, und auch da läßt sie nicht nach in der Wirkung, wo es gilt, nur einzelne Teile eines auszustattenden Erzeugnisses durch Farbenauftrag dem Auge des Beschauers gefällig zu machen. Man kann dieses Verfahren als eine Art Zwischenstufe zwischen Hand- und Schablonenkolorit betrachten.

Es ist ein lobenswertes Zeichen unserer Zeit, nicht auf den errungenen Lorbeeren auszuruhen. Wir kennen in mehreren Farben gespritzte Fabrikate, die als eine Art Ergänzung des Vielfarbendruckes zu betrachten sind.

Hierbei muß ein Ineinanderlaufen der verschiedenen Farben vermieden werden, und daher wird die Fläche, welche von der Farbe nicht getroffen werden soll, mittels einer Schablone abgedeckt. Das geschieht in folgender Weise:

Von dem herzustellenden Bild wird eine Pause gemacht, diese auf Weißblech aufgezogen und die Ränder der Zeichnung mittels eines scharfen Messers alsdann ausgeschnitten.

Dadurch wird die Fläche bloßgelegt, die gespritzt werden soll, während alles andere durch das Blech geschützt wird.

Natürlich läßt sich ebensogut auch ein anderes Material verwenden, z. B. Pappe, doch ist diese wegen der geringeren Widerstandsfähigkeit in bezug auf die Feuchtigkeitsaufnahme als Schablonenmaterial weniger empfehlenswert. Bei größeren Auflagen ist es notwendig, die Fläche von der anhaftenden Farbe zu säubern. Bei mehrmaliger Säuberung müßte die Pappschablone neu hergerichtet werden, während das bei der Verwendung von hartem Material nicht notwendig ist.

Auch in der Buchbinderei hat das Spritzverfahren starken Eingang gefunden. Vor allem vergleiche man diese Papiere nicht mit den anderen Buntpapieren, da die Spritzpapiere etwas ganz anderes darstellen, als wir es bisher von anderen Arten kennen. Die Anwendung des Apparates und der Schablonen bringen es trotz Übung des Ausführenden mit sich, daß diese Papiere strenger — härter — in ihrer Form als etwa Kleisterpapiere wirken; sie entsprechen jedoch gerade dadurch unserer modernen und neuzeitlichen, geschmacklichen Richtung. Mithin kann man dieses Papier nicht ganz als Hand- oder Maschinenpapier bezeichnen, sondern beide Arten — Hand- und Maschine — wirken hier erfolgreich zusammen. Dieses Zusammengehen bewirkte leider aber, daß der Phantasie mehr Schranken gesetzt sind als etwa beim Kleisterpapier, und es bedarf schon tüchtiger Schulung, um die Möglichkeiten gebrauchsfähiger Ausführungen ausfindig zu machen. Selbstverständlich lassen sich auch mehr weich-malerische Wirkungen erzielen.

Die Anlage einer Spritzeinrichtung ist nicht so schwierig, wie es anfänglich erscheinen mag, aber für eine Kleinwerkstatt ist sie immerhin kostspielig, weil ihre Ausnutzung nicht voll gegeben ist. Es gibt dort nicht genügend Papiere und anderes anzufertigen, so daß sich solch eine Einrichtung lohnen würde. Bis jetzt sind es hauptsächlich größere Werkstätten, die mit Spritzanlagen versehen sind. Hier werden aber auch bereits andere Arbeiten damit ausgeführt, so z. B. werden die Buchschnitte ab und zu bespritzt, ähnlich wie mit der Sprenggitterbürste. Auch lassen sich einfarbige Schnitte spritzen.

So ist man immer mehr dabei, sich des Spritzverfahrens in der Buchbinderei zu bedienen.

Bevor man mit der Anfertigung eines Spritzpapiers beginnt, muß man sich zunächst über die Art seiner Verwendung im klaren sein. Ein Überzugpapier behandelt man anders als ein Vorsatzpapier. Die Wahl des Rohstoffes muß zuerst erfolgen. Da, wie schon erwähnt, die Spritzpapiere meist stark in ihrer Formensprache sind, beachte man genau die Stärke und Größe des Buches, die Art der Rückenverzierung, damit man dann das Muster entsprechend abstimmen kann. Eine feine, zarte Rückenverzierung kann kein großmustriges Spritzpapier als Überzug erhalten. Solches und ähnliches beachte man, ehe man für ein bestimmtes Buch ein Papier anfertigt oder auswählt. Lediglich auf eine solche überlegte Behandlung kommt es an, ob sich das gespritzte Papier weitere Freunde erwerben wird.

Ferner sei noch erwähnt, daß es zwei Arten, die hauptsächlich angewendet werden, gibt. Stark plastisch (erhaben) wirkt diejenige Art, bei der die Farbe an der Linie stark und dicht aufgetragen ist und dann seitlich leichter, zarter, allmählich ausläuft. Die zweite

Art besteht darin, eine Fläche oder Form gleichmäßig stark mit Farbe zu bespritzen. Werden solche Formen nebeneinandergesetzt (etwa quadratisch) und in verschiedenen Farbstufungen, so wirkt auch diese Art etwas plastisch, doch bedeutend schwächer als die oben erwähnte.

Damit sind nun die Möglichkeiten, Kolorit herzustellen, noch keineswegs erschöpft. Es wird Schablonenkolorit auch auf maschinellem Wege hergestellt. Dazu dient eine, wenn auch wenig bekannte Maschine.

Diese Koloriermaschine kann sowohl durch Transmission als durch Elektromotor in Betrieb gesetzt werden und erfordert je nach Größe einen Kraftaufwand von $^1/_4$—$^1/_2$ PS. Zur Bedienung der Maschine genügen eine Anlegerin, welche die Bogen in die Maschine einlegt, und eine zweite zum Weglegen der fertigen Bogen (Auslegerin). Diese wird aber nicht voll beschäftigt und kann nebenher eine zweite Maschine bedienen oder zu anderen Verrichtungen verwendet werden.

Die Maschine arbeitet wie folgt: Die nach den Umrissen der zu kolorierenden Bilder in den einzelnen Farben geschnittenen Zinkblechschablonen werden auf einen Rahmen gespannt, der soviel Abteilungen enthält, als Farben aufgetragen werden sollen.

Der von der Arbeiterin eingelegte und punktierte Bogen wird von zwei Greifern erfaßt und auf ein endloses Stahlband geführt, das ihn mit Hilfe von Mitnehmerklammern die einzelnen Stationen passieren läßt. Unter jeder dieser Schablonen bleibt das Bild solange, bis die Bürsten, die vorher Farbwalzen passiert haben, darüber hinfahren und die entsprechende Farbe abgeben.

Die Farben werden einzeln selbsttätig von sich hin- und herbewegenden Bürsten über den Schablonen aufgetragen. Durch sinnreiche Bauart wird eine Gleichmäßigkeit und Sauberkeit erreicht, wie sie bei Handbetrieb unmöglich ist.

Die Bogen fallen nach dem Passieren der Farbenstationen auf einen vor die Maschine gestellten Tisch, werden hier gesammelt und etwa 100stückweise von der Auslegerin weggenommen. Die Leistung der Maschine beträgt in der Stunde 500—700 Bogen.

Damit wären die verschiedenen Arten der Nutzbarmachung der Kolorittechnik, soweit sie als ausschließlich industrielle Erwerbsmöglichkeit in Frage kommt, erschöpft.

Die Farbspritztechnik in der Papierveredlung

Eine augenblicklich besonders für Herstellung von Buntpapieren und Bucheinbänden in hoher Blüte stehende Technik ist die Übertragung der Farbe durch einen Zerstäuber, es ist die *Farbspritztechnik*, von der hier ausführlicher die Rede sein soll. Sie ersetzt den Pinsel, der große Übung und Geschicklichkeit in seiner Anwendung verlangt, und arbeitet mit Preßluft.

Mit den Preßluftmalgeräten verziert man Bezugspapiere für Einbände, Kartonagen, Kalenderrücken, Tapeten, Lederimitationen, Bonbonnieren und andere Papierwaren, indem die durch den Luftdruck fein zerstäubte Farbe auf den geprägten Karton oder die glatte Papieroberfläche geschleudert wird. Durch die Möglichkeit, zart verlaufende Übergänge zu schaffen, kann eine geübte Arbeiterin Farbtönungen erzielen, die sonst selbst in viel längerer Zeit durch die Pinselarbeit nicht annähernd zu erreichen sind. Wenn man dann von der entgegengesetzten Richtung in gleicher Weise eine komplementäre Farbe auf die auszustattende Fläche wirken läßt, erzielt man wahrhaft prachtvolle Wirkungen, ganz besonders auf blind vorgeprägten und möglichst plastisch herausgeprägten Flächen. Bei solchen Arbeiten wird eine Farbe von links, die andere von rechts gegen die geprägte Bildfläche gespritzt, so daß sie beim Zusammentreffen ineinander übergehen.

Der Farbenverbrauch ist bei dem Spritzverfahren sehr gering, und die Handhabung der dazu erforderlichen Apparate kann von jeder Person, die nicht gerade farbenblind ist, ohne daß sie große Vorkenntnisse besitzt, ausgeführt werden. Es dürfte daher einleuchten, daß die Verbreitung des Spritzverfahrens außergewöhnlich groß ist. Beispielsweise sei erwähnt, daß auf 200 g Spiritus neben einem sehr geringen Prozentsatz Schellack nur 7 g Farbe kommen. Von dieser Lösung, die vor dem Gebrauch gekocht werden muß, genügen etwa 90 bis 100 g auf 1 Liter Spiritus — ein Umstand, der eine lohnende Verwendung des Verfahrens infolge der geringen Herstellungskosten möglich macht.

Bei Verwendung verschiedener Farben muß ein Ineinanderlaufen vermieden werden, und daher wird die Fläche, die von der Farbe nicht getroffen werden soll, mit Schablonen abgedeckt, die meist aus Weißblech bestehen.

Liegen nun mehrere Teile, die von einer bestimmten Farbe nicht gedeckt werden sollen, auf der Bildfläche weit voneinander ab, so ist es unpraktisch, eine Schablone herzurichten, die über die ganze Fläche hinweggeht. In solchen Fällen schneidet man die abzudeckenden Flächen einzeln aus der Schablonenpause heraus und verbindet sie durch Brücken aus Draht, die zugleich ein bequemes Auflegen und Arbeiten ermöglichen. Zur Erzielung von gemusterten Flächen ist man dazu übergegangen, in der Art der Schablonentechnik die Farbe durch Gewebe hindurch auf die zu dekorierende Fläche zu übertragen, wobei sich die Besonderheit des Gewebes genau auf die zu dekorierende Fläche überträgt, also ein getreues Spiegelbild des Gewebes gibt. Zu diesem Zweck spannt man ein beliebiges, ganz dünnes Gewebe (Spitzen, Gardinenstoffe oder andere leicht gewebte Stoffe usw.) in einen Rahmen aus Holz oder Pappe und benutzt ihn als Schablone, die aber nicht aufgelegt werden darf, sondern in geringer Entfernung von der auszuschmückenden Fläche gehalten werden muß. Bei dem Anspritzen glatter Flächen, wie das zu Vorarbeiten zur Monogrammprägetechnik notwendig ist, muß der Apparat schräggehalten werden, während er bei vollen Flächen oder zur Erzielung einer Schattenwirkung bei der Zerstäubung der Farbe fast senkrecht zwischen den Fingern ruhen muß.

Die Anlage einer Spritzeinrichtung ist nicht so schwierig, wie es anfänglich erscheinen mag, aber für eine Kleinwerkstatt zu kostspielig. Es gibt dort nicht genügend Papiere und andere Arbeiten anzufertigen, so daß sich eine Einrichtung für die Anwendung dieser Technik lohnen würde. Es sind daher hauptsächlich größere Betriebe mit Spritzanlagen versehen. Hier werden aber auch bereits andere Arbeiten ausgeführt, so z. B. werden die Buchschnitte ab und zu gespritzt. So ist man immer mehr dabei, sich des Spritzverfahrens in der Buchbinderei zu bedienen. Es wird dann nicht ausbleiben, daß auch bald Fach- und Berufsschulen dazu übergehen werden, Spritzapparate und erforderliche Anlagen einzubauen. Deshalb schon ist es ratsam, sich mit dieser interessanten Technik zu befassen.

Bevor man mit der Anfertigung eines Spritzpapieres beginnt, muß man sich zunächst über die Art der Verwendung im klaren sein. Ein Überzugspapier behandelt man anders als ein Vorsatzpapier. Die Wahl des Rohstoffes muß zuerst erfolgen. Es gibt zwei Arten, die hauptsächlich angewandt werden: starker Farbauftrag an einer Kante, der dann seitlich allmählich ausläuft, und gleichmäßiges Spritzen von Flächen, die in verschiedenen Farbstufungen nebeneinander gesetzt werden.

Die Spritzmalerei wird nicht nur auf Papier und Kartonpapier, sondern auch auf Stoffe aller Art: Leinen, Velvet, Velour, Seide, Samt, selbst auf Zelluloid, Glas und Porzellan angewendet. Die Farben müssen natürlich den Eigenarten der betreffenden Stoffe gemäß zusammengesetzt werden.

Die Technik des Aufspritzens von Farbe ist aber nicht nur ein Veredlungsverfahren für die Papierverarbeitung, sondern vermöge seiner Vielseitigkeit auch ein Hilfsmittel. Besonders in der Abschattierung von Farbenwirkungen ist die Technik des Aufspritzens von Farbe recht gut zu gebrauchen, da vermittelst der feinen Farbenverteilung eine geschlossene Wirkung besser zu erzielen ist, als sie die gewandteste Feder des Lithographen zu erzielen vermag.

Wenn beim Druck eine Platte erspart wird, kann die zu ergänzende Farbe vermittelst des Zerstäubers nachträglich aufgebracht werden, ja, die Arbeit kann sogar auf mehrere Farben ausgedehnt werden.

Unter den Farbenzerstäubern gibt es eine Reihe von Fabrikaten, die sich ihn ihrer Wirkung und ihrem Gebrauch gleichen. Nur für besonders große Flächen wie Tapeten, Bezugspapiere usw. wird man sich nicht der gewöhnlichen kleinen Typen bedienen, sondern zu der als »Preßluft-Pistole« bekannten Konstruktion seine Zuflucht nehmen. Die Strahlöffnung ist bei dieser natürlich entsprechend groß, um gleich einer größeren Menge Farbe den Austritt aus der Ventilöffnung zu gestatten.

An Stelle des am Zerstäuberapparat selbst angebrachten Farbenbehälters, der oft nachgefüllt werden muß, kann auch ein Schlauchansatz benutzt werden, von wo aus eine Gummischlauchverbindung nach einem beliebig großen Farbenbehälter geführt werden kann. Das ist besonders dann angebracht, wenn große Farbenmengen in unbedingt gleichen Tönen verwendet werden.

Aus der Papier-Prägepraxis

Es gibt in der gesamten Luxuspapierfabrikation wohl kaum einen Artikel, der zur Hebung der äußeren Wirkung nicht durch die plastischen Formen der Reliefprägung erhöht zu werden versucht wird.

Wir wissen, daß nicht nur der Monogrammbalancier und die Kniehebelpresse die gewünschten Formen und Wirkungen erzielen. Die Tiegeldruckpresse, bei erhöhtem Anspruch auch die Farbdruckpresse, vereinfachen das Verfahren bedeutend bei gleichzeitigem Drucken und Prägen. Dadurch ist schon eine Gewähr für gutes Passen gegeben. Die Farbabgabe erfolgt nur auf die Stellen, welche durch den Schlag- oder Prägedruck aus der glatten Papierfläche herausgeholt und zu plastischer Wirkung gebracht werden sollen. Es wird das treffend bewiesen durch die in diesem Verfahren hergestellten Adreßkarten, welche weiße Schrift auf farbigem Grunde haben. Wollte man weiß auf eine farbige Fläche drucken und dann prägen, so müßte dazu besondere Sorgfalt aufgewendet werden, um alle Teile der weißen Buchstaben herauszuholen. Nun fällt das bekanntlich bei dem gleichzeitig erfolgenden Prägedruck weg, weil die glatte farbige Fläche gedruckt, der weiße Schrifttext jedoch ausgespart und gleichzeitig herausgeprägt wird. Das läßt sich nun natürlich auch auf andere Farbzusammenstellungen ausdehnen. Ausnahmslos wird die Fläche, welche die größere ist, durch Aufdruck zur Deckung benutzt, während die kleinere, auf die besonders der Wert der Ausstattung, also auch die ornamentale Wirkung, gelegt wird, meist ausgespart wird. Nur bei besonders komplizierten Arbeiten werden auch solche Flächen ausgestattet.

Wir kommen nun zu einer anderen Art der Reliefprägung und der damit verbundenen Schwierigkeiten, die in der Praxis das weitaus größte Feld einnehmen dürfte, zu der Ausstattung der Vielfarbendrucke nämlich, wie sie in den chromolithographischen Verlagsanstalten hergestellt werden. Wenn es Bedingung ist, sich schon vor Fertigstellung über die geeignetste Verarbeitung der Ware schlüssig zu werden, so muß auch, um mit einem möglichst geringen Ausfall zu rechnen, alles das ausgeschaltet werden, was irgendwie zu Beanstandungen führen könnte. Zu diesen Möglichkeiten gehört in allererster Linie das Prägen der Vielfarbendrucke auf den Balancierpressen.

Eine mangelhafte Prägung wird in erster Linie in der Beschaffenheit der Matrize ihre Ursache haben; auch kann der ausgeübte Schlagdruck auf der Presse nicht genügend kräftig sein. Um einerseits die Ausarbeitung der Platten zu kontrollieren, andererseits festzustellen, ob sich das zu verwendende Papier auch für die Art der Prägung, an die zuweilen große Ansprüche gestellt werden, eignet, ist ein Anprägen vor der Druckausführung dringend geboten. Dadurch wird festzustellen sein, ob der Graveur die nötige Ausdruckskraft in die Platte gelegt hat, oder ob ein Verstärken oder Abschwächen der Gravur notwendig erscheint. Außerdem wird die geprägte Papieroberfläche den Grad der Verwendbarkeit erkennen lassen. Wenn der Druckkarton bei Anprägungen abblättert, so wird entweder die Prägung abgeschwächt werden oder man wird sich zur Wahl eines geeigneten Druckkartons entschließen müssen. In jedem Falle ist hier Abhilfe rechtzeitig geboten, um sich vor größerem Schaden zu bewahren. Da es häufig vorkommt, daß durch die Eigenschaft der Gravur oder auch durch die Matrize, die stellenweise zu scharf ist, nicht nur eine Prägung erfolgt, sondern daß die Platte oder der Druck so scharf ist, daß der Karton platzt, so muß jede Arbeit vor der Vollendung daraufhin geprüft werden. Wer jedoch bei der Beurteilung der Prägung auch die Rückseite der Prägeblätter prüft, der wird sich vor unangenehmen Enttäuschungen schützen können, indem er Schneidestellen abstumpft. Bei Prägungen von zwei und mehreren Stücken, wie sie besonders häufig in der Luxuskartenfabrikation anzutreffen sind, empfiehlt sich das Anprägen der Konturen. Wer doppelte Arbeit ersparen will, der drucke die Konturen gleich auf einem entsprechenden, auch für die Auflage Verwendung findenden Druckpapier bzw. Karton an.

Eine der hauptsächlichsten Schwierigkeiten ist das Verziehen des Papiers. Wer es vermeiden will, daß sich fertige Prägungen verziehen (werfen), wie es besonders bei dünnen Papieren vorkommt, der soll diese leicht hinterkleben, weil dadurch ein Gegenzug hergestellt wird, der bewirkt, daß sich die zusammengeklebten Lagen strecken und die flachliegende Form behalten. Wir finden das am häufigsten bei den Deckelüberzügen, zu denen Phantasiepapiere häufig verwendet und die häufig durch aufgelegte Stoffblumen in Verbindung mit der Prägung verziert werden.

Im allgemeinen wird die größte Schwierigkeit in der Verarbeitung frischer Drucke liegen. Durch den Farbenauftrag nimmt das Papier eine gewisse prozentual erhöhte Feuchtigkeit in sich auf, bei deren Verdunsten es sich dehnen muß. Wenn die geprägte Ware dagegen in zu trockenen Räumen lagert, geht sie zusammen. In beiden Fällen jedoch ist die Möglichkeit des Passens ausgeschlossen. Nun wird hier ja die Erfahrung des Prägemeisters ausschlaggebend sein, der es verstehen muß, durch Feuchten und Wärmen der Ware denjenigen Ausgleich zu finden, der eine einwandfreie Prägung ermöglicht. Bei chromolithographischen Drucken kommt es häufig vor, daß ein Teil paßt, ein anderer wieder nicht. Bei Verwendung besonders der weniger dankbaren Dessins werden häufig Teile von vorhandenen Platten, andere wieder von neuangefertigten gearbeitet. Die Ausschlachtungstheorie erstreckt sich nicht nur ausschließlich auf die Wiederverwendung vorhandener Lithos, sondern auch die bereits beschafften Matrizen sollen nach Möglichkeit wieder nutzbar gemacht werden, sofern die Art der neugeschaffenen Erzeugnisse das zuläßt, und durch die Art der Verwendung nicht größere Kosten entstehen als durch Neuanschaffungen. Besonders bei großen Auflagen, wie es gewisse Artikel bedingen, wird das Zusammenbringen von mehreren kleinen Platten zu einer großen zweckmäßig sein, um die Kosten der Prägeausführung auf das Mindestmaß zu beschränken. Natürlich wird es bei der Druckzusammenstellung auch wieder Bedingung sein, Zusammengebrachtes auch zusammen zu belassen, um nicht unnötig mehr Prägungen machen zu müssen als durch die Vereinfachung bedungen sind.

Wenn jedoch in solchen Fällen ein gutes Passen nicht zu erreichen ist, so wird ein Zerkleinern notwendig werden, wodurch dann der Ausgleich geschaffen wird. Es wird schon beim Umdrucken aller Lithos auf die Stellung der Prägeplatten Rücksicht genommen werden müssen, wie überhaupt nach demselben bzw. der Kontur die Prägeplatte hergestellt wird. Wenn Wärmen oder Feuchten und alle sonstigen Mittel nichts helfen, so wird ein zweimaliges Prägen notwendig sein. Das kann sich natürlich nur auf solche Dessins beschränken, welche in der Art ihrer Ausstattung stets sich wiederholende Formen zeigen. Das Stechen der Punkturen ist ein wesentlicher Faktor für das Gelingen einer Prägung. Man glaubt allgemein, daß das ein gleichgültiges Geschäft ist, doch ist das ein durchaus verkehrter Standpunkt. Diese Verrichtung wird zuweilen von dem Arbeitspersonal, das die Prägung herstellt, meist aber von besonders eingestelltem Personal ausgeübt. Dieser letzte Fall ist natürlich für das Prägepersonal eine bedeutende Erleichterung, doch werden sich die Vorzüge nur dann zeigen, wenn geübte Stecherinnen zur Hand und die Druckarbeiten vor allem in dem Zustande sind, daß sie einem nachträglichen Verändern unter gewissen Voraussetzungen nicht unterworfen scheinen. Passen die Prägungen hiernach nicht, d. h .liegt neben der Prägung noch untergedruckte Farbe, so muß erstere herübergezogen werden. Das ist dadurch zu bewerkstelligen, daß beim Stechen die Durchstiche weiter nach links oder rechts gelegt werden, je nachdem es die Differenz der unter der Prägung liegenden Druckfarbe geboten erscheinen läßt. Die sachgemäße Benutzung von Lineal und Winkeleisen des Umdruckers werden unter Erfüllung der für das Steindruckfach erforderlichen Voraussetzungen in bezug auf die technische Herstellung und die Verwendbarkeit des Materials für das Arbeitspersonal eine gewisse Garantie dafür bieten, gut passende Prägungen zu erzielen.

In jedem Falle werden sich Sünden beim Druck auch bei der weiteren Verarbeitung bemerkbar machen. In erster Linie zeigt sich das bei der Verarbeitung frischer Drucke. Wenn die Farben noch zu frisch und der Farbe womöglich etwas zu viel Fett (Talg) zugesetzt wurde, setzt sie sich ausnahmslos in der Gravur der Platte ab. Vorheriges Abreiben der Drucke mit Talkum wird eine gewisse Gewähr dafür bieten, daß die Weiterarbeit nicht durch solche Begleiterscheinungen gar zu unliebsam aufgehalten wird.

Das Abbürsten der Platten nach jedem Druck, besonders bei solchen Artikeln, die viele Durchbruchstellen haben, soll schließlich nicht unerwähnt bleiben, weil nicht selten in die Gravur sich ablegende Papierteile die plastische Wirkung der Prägung ungünstig beeinflussen können. Nur wenn die vorausgegangenen Aufwendungen einwandfrei sind, wird auch die Möglichkeit gegeben sein, gut passende Prägungen zu erzielen.

Die Herstellung der Prägeplatte ist der vorbereitende Arbeitsgang zur praktischen Ausführung der Prägearbeit. Die Plattenherstellung wird in den meisten Fällen von Graveuren besorgt. Es sei vorausgeschickt, daß das Bestellen der Prägeplatte, von der der Ausfall der

Prägearbeit abhängt, ein weitgehendes fachtechnisches Wissen nicht nur über die Technik der Gravur selbst voraussetzt. Auch die weitere Verwendbarkeit beim Prägen in bezug auf das Verarbeiten der Ware erfordert Sachkenntnis, da diese nicht selten durch technische Schwierigkeiten Veränderungen ausgesetzt ist, die in dem Dehnungsprozeß des Papiers ihren Ursprung haben.

Die Arbeit des Prägens beginnt mit der Anfertigung der Matrize, die ein negatives Bild der Stempelgravur bietet. Durch das haarscharfe Einpassen der erhaben gearbeiteten Matrize auf der gravierten Stempelfläche ist das Gelingen der Prägung erst gewährleistet. Für die Prägung kleiner Flächen, Mottos, Buchstaben und anderer Dinge, dient der Monogrammbalancier, für größere die Kniehebelpresse. Die Tiegeldruckpresse, bei erhöhten Ansprüchen die Farbdruckpresse, erscheinen ebenfalls berufen, die durch die einzelnen Techniken bedingte Aufwendung an Zeit und Kosten infolge des kombinierten Arbeitsverfahrens durch das gleichzeitige Drucken und Prägen zu vereinfachen. In Fällen, in denen es sich um kleine Flächen, Schriftmottos, Ornamental- oder Randverzierungen usw. handelt, bedient man sich der Prägepresse für Handbetrieb (Balancier); für größere und schwerere Stücke reicht der Handbetrieb nicht aus, da muß auf die Kraft zurückgegriffen werden. Für ganz besonders schwere Prägungen, die dem zu prägenden Gegenstand bestimmte Form geben sollen, werden hydraulische Pressen verwendet, bei denen der Prägedruck natürlich ganz besonders stark ist. Die sogenannten Blitzpressen — das sind die schnellstlaufenden Maschinen der Prägeindustrie — ergeben täglich einseitig 3000 bis 3300 Prägungen; auf beiden Tischen also das Doppelte, sofern alles glatt vonstatten geht und die Maschine ununterbrochen läuft.

Für die Herstellung der maschinellen Prägearbeiten ist von besonderer Wichtigkeit die Beschaffenheit des Materials, das verarbeitet werden soll. Zur Vermeidung von Schwierigkeiten kann der Präger viel tun. Er soll größere Warenposten der gleichen Art möglichst hintereinander aufarbeiten, und er darf keine zu frische Druckware verarbeiten, weil sich die Farbe sonst in die Stempelgravur ablegt. Schwierigkeiten hinsichtlich der Beschaffenheit fallen nicht dem Präger zur Last, sondern ihre Vermeidung ist Sache der Betriebsbeamten, die das zu verarbeitende Material hinsichtlich seiner Verwendbarkeit oder der besonderen Ansprüche kennen müssen.

Wird das Papier nur Relief (blind) geprägt, so besteht die Arbeit nur aus dem Auflegen des Papiers über die Punkturnadeln. Hiernach ist die Matrize mit den Stiften in die Führungslöcher einzuführen, und es erfolgt der Prägedruck. Die Platten für glatte Prägungen erfordern keine weitere Behandlung im Vergleich zu denen, die für Durchbrucharbeiten bestimmt sind, weil sich bei solchen die Abfallteile der ausgeschnittenen Partien leicht in die Gravur der Platte ablegen und die durch die Hochprägung bedingte plastische Wirkung ungünstig beeinflussen. Daher ist die Herstellung von Prägungen mit mehr oder minder vielen Durchbruchteilen der Papierfläche schwierig. Bei diesen erfolgt gleichzeitig mit dem Prägen das Schneiden, das jedoch auch gesondert ausgeführt werden kann. Bevor das zu prägende Papierblatt auf die Platte gelegt wird, muß diese jedesmal mit einer entsprechend präparierten, kräftigen, dichtborstigen Bürste mehrmals gleichmäßig überstrichen werden, um ein Anhaften der Prägeblätter an der Platte zu verhindern. Das Ausbürsten der Platten erfolgt bei unlackierten Drucken mit einer über Talg gestrichenen, bei lackierter Ware mit einer in Öl getränkten Bürste. In letzterem Falle gießt man Öl auf ein Stück Filz und läßt das Öl durch die porösen Schichten des Filzes gut durchziehen, so daß der Filz gut getränkt ist. Auf diese elastische Masse drückt man die Bürste und streicht dann gleichmäßig und leicht über die Gravur der Platte. Es sei ausdrücklich davor gewarnt, Platten zur Prägung unlackierter Drucke auf Kreidepapier etwa mit einer in reinem Öl getränkten Bürste zu überstreichen, weil durch die Ölaufnahme in die Stoffteile der Prägeblätter infolge der Saugfähigkeit des Papierstoffes die Ware unbrauchbar werden würde.

Bei Reliefprägeplatten mit Schneidelinien ist in gleicher Weise zu verfahren wie bei getrennten Schneide- und Prägeplatten, nur ist nach dem Auflegen des zu bearbeitenden Papiers eine Stanzpappe auf die Platte zu legen und dann Druck zu geben, um zunächst das Papier zu durchschneiden. Nach Abheben der Stanzpappe ist der äußere Papierabfall sorgsam zu entfernen und dann die Matrizenpappe aufzulegen. Größere, ausgeschnittene Teile lassen sich durch Aufklopfen mit der flachen Handfläche leicht aus der Platte abheben; kleinere

Teile haften jedoch oft fest und müssen mit der Ahle ausgehoben werden. Um ein Festhaften von Durchbruchprägeblättern an der Platte zu vermeiden, ist es empfehlenswert, Stellen, an denen diese Schwierigkeiten besonders zu befürchten sind, mit Kupferblech auszulegen, wodurch ein glattes Loslösen der Prägestücke aus der Platte ermöglicht wird. Bei ungleicher Ausarbeitung der Schneideplatten wird es auch empfehlenswert sein, an besonders schwierigen Stellen (Durchbruchstellen auf den Stahlstempeln) auf der Rückseite der Platte Papierstücke aufzukleben, weil die geschaffene Erhöhung die Schneidekraft verschärft, wodurch beim Preßdruck ein glatter Durchschlag erzielt wird.

Bei sehr fein gearbeiteten Gravuren solcher Artikel, die von der Platte zugleich geschnitten werden, und die aus sehr dünnen Stoffen bestehen, wie beispielsweise Kuchenpapiere, müssen diese vorher präpariert werden. Es handelt sich bei diesen Artikeln um mehr oder minder holzfreie Papiere von äußerst dünner Qualität (sog. Florpostpapiere), die sich unter dem großen Prägedruck auf dem Balancier während des Stanzens so fest aneinanderschmiegen, daß die Lagen nur mit großer Mühe auseinander zu bekommen sind, wobei natürlich sehr viel Ausschuß entsteht. In solchen Fällen tut man gut, die auf Formate geschnittenen Papierlagen vorher durch Talkumpulver zu ziehen. Durch die gleichmäßige Fettaufnahme der Papieroberfläche wird dem Zusammenkleben sehr wirksam vorgebeugt. Natürlich muß das Durchziehen durch das Pulver mit großer Sorgfalt geschehen, um auch alle Teile der Papierfläche mit diesem in Berührung zu bringen.

Daß Artikel, besonders Klappkarten aller Art, auch gleichzeitig von der Platte während des Prägevorganges geritzt werden können, um eine Umbruchstelle zu haben, sei noch beiläufig erwähnt; doch muß besonders bei stark auftragendem Inhalt (besonders bei Kreidepapieren) auf die Möglichkeit Rücksicht genommen werden, daß Brüche entstehen oder die Auftragsschicht abblättert. Diesen Übelständen helfen nur Stichproben *vor* Verarbeitung des Papiers ab. Dem völligen Durchbrechen der Umbruchstellen läßt sich — wenn nicht schon durch eine entsprechende Qualität des Papiers — durch vorheriges Hinterkleben der Kniffstellen vorbeugen. Durch Hinterkleben mit gleichwertigen Vorschnitten und nochmaliges Prägen lassen sich abgebrochene Teile wieder ungesehen machen.

Torten- und Plattenpapiere

Ein Kapitel über die Spitzenpapierfabrikation

Durch den Bau von Maschinen für endlose Streifen ist die Spitzenpapierfabrikation in vollständig neue Bahnen gelenkt worden. Wer die frühere stückweise Arbeitsmethode kannte, wird den ungeheuren Fortschritt erkennen, der auf diesem Gebiet der Papierverarbeitung vor sich gegangen ist; während man beim Arbeiten von einer gravierten viereckigen Platte mit Bleihammer oder Walzwerk nur notdürftig einen sauberen Schnitt oder einen mangelhaften Schein von Prägung erzielte, besorgen die heute gebauten Maschinen in einem Arbeitsgange die vollständige Fertigstellung der Spitzenpapiere. Der Grundgedanke, nach dem diese Maschinen arbeiten, ist derselbe wie bei den Rotations- und Buchdruckmaschinen.

Beginnen wir zunächst mit der Beschreibung der Maschinen und deren Arbeitsweise. Sie bestehen aus einem fundamentalen Unterbau mit starken Seitenteilen, in denen die drei Arbeitswalzen gelagert sind, welche mittels starken Druckes auf die Lagerteile das Papier schneiden und prägen sollen. Das zu verarbeitende Papier wird in Breite der Walzen auf Spulen gewickelt. Von letzteren werden je nach Stärke des Papiers zwei, drei oder auch vier Spulen angebracht. Um ein leichteres Auseinandernehmen der zusammenlaufenden Papierbahnen zu ermöglichen, ist es notwendig, Talkumpulver zwischenzustreuen, was mittels Streuapparaten geschieht, die vor den Arbeitswalzen angeordnet sind.

Die mit Schneide- und Reliefgravierung versehene Stahlwalze lagert in der Mitte, unter dieser die glatte Stahl- oder Bleiwalze, während oberhalb die Papier- oder Matrizenwalze sich befindet. Die zum Ausschneiden der durchbrochenen Teile dienende Stahl- oder Bleiwalze macht seitlich hin- und hergehende Bewegungen, dagegen liegen die gravierte und die Papierwalze in festen Lagern. Diese Vorrichtung hat den Zweck, daß die hochgravierten, auf die glatten Stahl- oder Bleiwalzen drückenden Schneider bei jeder Umdrehung andere Stellen berühren, wodurch ein sauberer Schnitt erzielt wird. Bei den Maschinen mit Bleiwalzen ist unterhalb derselben noch eine glatte Stahlwalze angebracht, welche die durch die Schneiden entstehenden Unebenheiten wieder glatt drückt.

Die nach dem Talkumieren in eine Bahn zusammenlaufende Papierlage passiert zuerst die gravierte Stahl- und die glatte Unterwalze zur Herstellung des Durchbruchs, läuft um die erste herum und passiert dann wieder die gravierte Stahlwalze, während von oben die mit Relief versehene Papierwalze drückt und die schönsten Stickerei- und Häkelmuster hervorbringt.

Die aus dem vorstehend beschriebenen Arbeitsgange erzeugten endlosen Streifen werden nun, je nach Wunsch, in kürzere Stücke von bestimmter Länge oder in Rollpackung bis zu 100 Meter abgeschnitten und mit einer oder mehreren Farben bedruckt. Durch geeignete Apparate, die an derselben Maschine angebracht sind, werden diese Arbeiten sofort vorgenommen. Das Zerschneiden in Stücke bis ungefähr einen Meter Länge erfolgt durch ein scherenartig wirkendes Messer, das auf einer Seitenwalze ruht. Letztere steht wieder in Verbindung mit einer Zahnradübertragung, welche je nach Länge der Streifen besonders eingestellt wird. Sollten längere Stücke wie 10, 50, 100 Meter oder mehr in Frage kommen, ist mit diesem Zahnrad ein automatischer Zählapparat verbunden, der durch ein Glockenzeichen die eingestellte Länge angibt, welche dann von der bedienenden Person mit der Schere abgetrennt wird.

Das Bedrucken der Spitzenstreifen geschieht nur auf Maschinen mit harten Unterwalzen, und zwar durch einen Färbeapparat, der hinter der Prägewalze und vor dem Schneideapparat angebracht ist. Ähnlich wie beim Tapetendruck werden die Spitzenstreifen über hochgravierte, mit Flächenmuster versehene Messingwalzen geführt. Letztere stehen wieder mit einem Farbwerk in Verbindung, das die Farbe mittels Walzen überträgt. Beim Druck von mehreren Farben ist die Anordnung mehrerer Farbwerke mit entsprechend gravierten Messingwalzen erforderlich.

An Stelle des Färbeapparates lassen sich auch Spritzpistolen so anordnen, daß die durchlaufend geprägten Stellen selbsttätig von links und rechts seitlich angespritzt werden können, wodurch die Wirkung des Reliefs bedeutend erhöht wird.

Um die einzelnen Papierstreifen aus den Durchbruchstellen leichter entfernen zu können, läßt man, wenn erforderlich, die fertigen Streifen noch zwischen zwei Walzen laufen, die mit langhaarigem, bürstenartigem Plüsch überzogen sind.

Wie oben erwähnt, benutzt man zum Ausschneiden der Durchbruchteile entweder Unterwalzen aus Stahl oder Bleilegierung. Erstere werden nur für Streifen aus Schirting und für Papierstreifen mit möglichst offenen Mustern, wie Stickerei-Imitation, angewandt. Es ist daher notwendig, daß die gravierten Stahlwalzen vor dem Arbeiten genügend gehärtet werden, um ein Stumpfwerden der Schneiden zu verhüten. Für Häkelei und sonstige feine Durchbruchmuster ist es praktischer, Bleiwalzen zum Ausschneiden zu benutzen. Diese werden aus einem bestimmten Gemisch von Blei, Antimon und Zinn gegossen, und das Material läßt sich, wenn abgenutzt, durch Umguß unter Hinzufügung frischen Materials wieder anwenden. Die Herstellung der Gravierung auf der eigentlichen Hauptwalze zu den Spitzenpapiermaschinen muß Spezialgraveuren übertragen werden, die große Erfahrung in diesem Fach besitzen.

Die Breite der Gravur auf den Walzen richtet sich nach der Arbeitsbreite der Maschinen, die für Walzen in Breite von 20, 36 und 60 cm gebaut werden.

Auf Maschinen in Breite von 20 cm werden hauptsächlich Kartonagenstreifen, Küchenstreifen, kleine Tortenpapiere, Aufleger für Konfektschachteln usw. hergestellt, während die Maschinen in Breite von 36 und 60 cm zur Herstellung von mittleren und größeren Tortenpapieren, ovalen Tellerpapieren, Shelfpapieren usw. dienen.

Tortenpapiere und Spitzenpapiere mit ringsherum abgegrenzten Mustern, die stückweise verkauft werden, fallen nicht einzeln aus der Maschine heraus, sondern sind durch Verbindungen zusammengehalten. Beim Auslauf aus der Maschine werden diese Bahnen an den Verbindungen abgetrennt. Diese Längen werden dann von besonderen Arbeiterinnen, genau nach Muster, fest aufeinandergelegt und dann in Lagen von 100 oder 144 mittels Stechbeutel an den Enden der Verbindungen abgestochen.

Die Papier- oder Matrizenwalzen bestehen aus hydraulisch zusammengepreßten, auf einen Eisenkern aufgeschobenen Papierscheiben, welche an den beiden Enden der Walze durch angeschraubte runde Eisenplatten festgehalten werden. Nachdem die Oberfläche dieser Papierwalzen glatt abgedreht worden ist und genau denselben Durchmesser wie die gravierte Walze erhalten hat, läßt man beide Walzen längere Zeit in der Maschine fest zusammenlaufen. Die Gravur oder Walze drückt sich dann in den Papiermantel ein, wodurch die eigentliche Matrize gebildet wird.

Das zur Verarbeitung kommende Papier für die Spitzenstreifen usw. muß möglichst holzfrei und zähe sein, um nicht nur die Spannung beim Lauf durch die Walzen auszuhalten, sondern auch, um feinen Spitzen eine gewisse Festigkeit zu geben. Außerdem ist es notwendig, daß von den Papierfabriken auf eine möglichst feste Wicklung Rücksicht genommen wird.

Unter den Küchenstreifen gibt es eine besondere Abart, die den Namen Schrankpapiere führt. Diese Sorte findet ganz besonders Absatz auf dem englischen Markt, auf dem sie unter dem Titel Shelfpapier bekannt ist.

Diese Schrankpapiere unterscheiden sich von den gewöhnlichen Küchenstreifen dadurch, daß sie nicht wie letztere durch irgendwelche Befestigungsmittel an den Randlinien der Regalbretter ihren Stützpunkt finden, sondern daß unmittelbar an der inneren Kantenlinie ein glatter Papierfortsatz bleibt. An der Trennungslinie dieses Fortsatzes sowie des Spitzenmusters selbst wird das Stanzpapier gefalzt bzw. umgebogen. Wird nun auf die Kante des Regals dieses gefalzte Papier gelegt, so fällt jede besondere Befestigungsart ohne weiteres weg. Es zeugt dieses besonders für den englischen Markt berechnete Erzeugnis von dem praktischen Sinn unserer Vettern jenseits des Kanals.

Die technische Herstellung der Schrankpapiere ist genau die gleiche wie die der Küchenstreifen. Zu ihrer Herstellung werden lediglich breitere Papierrollen naturgemäß Verwendung finden.

ANZEIGEN

Hohlgefäße aller Art
wie Trink-, Eiscremebecher
Marmeladen-, Honigdosen usw.
Maschinen
und Werkzeuge
Stanzeisen — Gravuren
für die Erzeugung von
Schachteln nach dem Zieh-u. Wickelverfahren, Kappenschachteln
Ostereier, Pappfiguren aller Art
Stanz-Zieh-und Prägeeinrichtungen für
die gesamte Papier-u.Pappeindustrie
Pappteller
in allen Größen u. Formen
Albert Schmidt
Leipzig C1
Kartonnagenmaschinen - u. Werkzeugfabrik
Telegrammadr.: Prägeschmidt
Konfekt-Kapseln
Flaschenkapseln m. Plisséefalten

FSC
www.fsc.org
MIX
Papier | Fördert gute Waldnutzung
FSC® C083411

Kolibri 360 GmbH
Ferdinand-Jühlke-Straße 7
99095 Erfurt, Deutschland
produktsicherheit@kolibri360.de